高坝泄洪水舌空中碰撞散裂特性研究

袁 浩 母德伟 孙 倩 等著

科学出版社

北 京

内 容 简 介

本书采用模型试验方法，结合宏观和细观尺度，系统探究表、深孔水舌碰撞角、流量比对水流散裂特性的影响。主要包括射流空中碰撞散裂雨强分布特性、射流空中碰撞散裂轨迹线、射流空中碰撞散裂水点细观特征。

本书面向从事水利设计、施工、管理、科研等方面的工作者，也可以供相关领域的高校师生阅读参考。

图书在版编目(CIP)数据

高坝泄洪水舌空中碰撞散裂特性研究 / 袁浩等著. --北京：科学出版社，2024.8. --ISBN 978-7-03-079164-1

Ⅰ. TV135.2

中国国家版本馆 CIP 数据核字第 2024AL1184 号

责任编辑：刘　琳 / 责任校对：彭　映
责任印制：罗　科 / 封面设计：墨创文化

科 学 出 版 社 出版

北京东黄城根北街16号
邮政编码：100717
http://www.sciencep.com

成都锦瑞印刷有限责任公司 印刷
科学出版社发行　各地新华书店经销

*

2024年8月第 一 版　　开本：787×1092 1/16
2024年8月第一次印刷　　印张：7 1/4
字数：170 000
定价：118.00元
(如有印装质量问题，我社负责调换)

前　　言

随着我国西部大开发战略的实施，西南地区建成了大量 200m 甚至 300m 的高坝或超高坝工程。受地形因素影响，它们共同的特点是坝体高、流量大、河谷窄、泄洪功率大，枢纽泄洪消能问题十分突出。高拱坝坝身泄洪消能多采用表孔跌流、深孔挑流的出流方式，上、下水舌空中碰撞，结合下游水垫塘消能，该消能方式在二滩、溪洛渡、双江口等水电站的高坝工程中得到广泛运用。水舌空中碰撞消能方式改变了两股水流各自的运动轨迹，可使水流分散碎裂成众多的、细小的水股和水团，有效减轻了水流对水垫塘底板的冲击压力，消能效果显著。实践表明该消能方式能较好地解决高坝坝身泄洪消能问题，但同时也极大地加重了泄洪雾化问题。由于坝体空间位置高、泄洪流量大，泄洪雾化会在坝体附近产生远大于自然降雨强度的局部高强度降雨，原型观测资料显示，其降雨强度可高达 5000mm/h，是自然降雨中特大暴雨的数百倍，妨碍电厂及机电设备的正常运行，危及坝体下游岸坡的安全稳定，影响坝体附近的生态环境。因此，需要对水舌空中碰撞散裂特性开展深入研究，厘清各水力因素对雾化效应的影响，处理好泄洪、消能和雾化的相关关系，减轻水舌空中碰撞雾化危害，这对水利枢纽的安全运行具有重要意义。

水舌空中碰撞极大地分散了水流，是一种很复杂的水-气两相流。过去的研究大多根据工程需要，基于特定工程的布置型式、地形条件、水力条件进行，由于问题的复杂性，系统的规律性研究尚显不足。本书采用模型试验方法，结合宏观和细观尺度，系统探究表、深孔水舌碰撞角、流量比对水流散裂特性的影响。主要包括射流空中碰撞散裂雨强分布特性、射流空中碰撞散裂轨迹线、射流空中碰撞散裂水点细观特征。

本书各章节主要撰写者如下：第 1 章为绪论，由袁浩、母德伟撰写；第 2 章为射流空中碰撞模型试验系统，由孙倩、胡瑞昌撰写；第 3 章为射流空中碰撞散裂雨强分布特性，由袁浩、何进朝、母德伟撰写；第 4 章为射流空中碰撞散裂轨迹线，由母德伟、孙倩、胡瑞昌撰写；第 5 章为射流空中碰撞散裂水点细观特征，由袁浩、何进朝撰写。

本书的出版得到重庆交通大学、重庆西科水运工程咨询有限公司和国家自然科学基金项目"挑射水流空中碰撞散裂特性及雾雨分布形成细观机理研究"(52109076)的大力支持和资助，在此一并表示衷心感谢！

在本书写作过程中，作者虽力求审慎，但受认识水平所限，书中不妥之处在所难免，敬请广大读者赐教指正。

主要符号表

英文符号

A	雨量筒有效接水面积，mm^2
$I_{(x,y)}$	水平面坐标(x,y)处测得雨强，mm/min
I_{max}	最大雨强，mm/min
f	流量比
z	测量平面距碰撞点的垂向距离，cm
d	水点直径，mm
$\bar{d}$	水点平均直径，mm
v	水点速度，m/s
$\bar{v}$	水点平均速度，m/s
n	水点个数频率，个/秒
P_d	单个测点内某个水点直径的概率
P_v	单个测点内某个水点速度的概率
L_{max}	纵向雨强最大值与碰撞点的距离，cm
L_n	纵向雨强最近边界值与碰撞点的距离，cm
L_f	纵向雨强最远边界值与碰撞点的距离，cm
L_y	横向雨强最远边界值与纵轴线的距离，cm
L_τ	纵向入水范围，cm
$q_{(x,y)}$	水平面坐标(x,y)处测得雨量，mL
q_{max}	单位时间接收到的最大雨量，mL/s
Q_t	表孔流量与深孔流量之和，mL/s
V_M	碰撞后水舌的流速，m/s
V_{1M}	碰撞前表孔水舌的流速，m/s
V_{2M}	碰撞前深孔水舌的流速，m/s
q_1	表孔出坎单宽流量，m^2/s
q_2	深孔出坎单宽流量，m^2/s
q_M	碰撞后水舌在M点的单宽流量，m^2/s

希腊字母

β	碰撞角，(°)
θ_1	表孔俯角，(°)
θ_2	深孔挑角，(°)
β_1	碰撞点处表孔水舌与纵向的夹角，(°)
β_2	碰撞点处深孔水舌与纵向的夹角，(°)
β_M	碰撞后混合水舌与纵向的夹角，(°)
α_1	碰撞散裂后轨迹线与垂向的夹角，(°)
α_2	碰撞散裂后轨迹线与纵向的夹角，(°)

目　　录

第1章 绪 论

1.1 泄洪雾化现象及影响

1.1.1 泄洪雾化现象及危害

液体雾化的研究首先是在喷嘴喷射领域,该领域中"雾化"是液体分散在气体或其他液体中形成液滴的现象。与喷嘴射流领域的液体雾化不同,水利水电工程中的泄洪雾化一般是指大坝通过特定的泄流消能方式排水,水流与空气边界相互作用形成雾化水流,在坝后一定范围内以水点或水雾的形式形成高浓度的雾流。

泄洪雾化是一种很复杂的水-气两相流,影响降水强度和雾化范围的因素较多。主要因素有泄流条件和建筑物布置形式,例如,水头高、下泄流量大、采用新型消能工时,降雨强度(雨强)和雾化范围会有明显增大。次要因素有气象和地形条件等,虽然它们对降雨强度和雾化范围影响较小,但对雾流扩散影响较为显著。

近 60 多年来,特别是改革开放以来,我国水利水电建设发展迅速,已经完成了大量坝高接近或超过 300m 的高坝项目,例如,黄河上的拉西瓦水电站、雅砻江上的锦屏一级水电站和二滩水电站、金沙江上的溪洛渡水电站、澜沧江上的小湾水电站等。受西南地区地形因素的影响,由表 1.1 可知,这些水电站的共同特点是坝高大、流量大、河谷狭窄、地质条件复杂、泄洪功率大,从而导致其泄洪消能问题十分突出。

表 1.1 中国部分高坝项目参数表

序号	工程名称	所在河流	装机功率/MW	坝高/m	总泄洪量/(m³/s)	总泄洪功率/MW
1	二滩水电站	雅砻江	3300	240	16500	26600
2	锦屏一级水电站	雅砻江	3600	305	10074	22210
3	小湾水电站	澜沧江	4200	295	20700	33900
4	溪洛渡水电站	金沙江	12600	278	49923	58700
5	拉西瓦水电站	黄河	4200	250	6310	12980
6	两河口水电站	雅砻江	2700	293	8245	21000

为解决上述特征引起的泄洪消能问题,国内外许多学者开展了大量的研究工作。目前主要采用以下几种消能方式:挑流消能、面流消能、底流消能、内流消能和旋流消能。然而根据谢景惠(1994)对国内外已建成的 158 座高坝工程的泄洪消能方式的统计,

国外使用挑流消能的高坝大约占比为 73.4%，国内比例高达 97.7%，几乎所有高拱坝都采用了挑流消能方式，而其他消能方式则应用相对较少。

挑流消能是指在泄水建筑物的末端采用鼻坎使高速泄出的水流远离建筑物而流向较远的下游位置，使水流的能量在空气和下游水垫中消耗。挑流消能具有工程量少、设计和施工简便、运行可靠、节省投资等特点，应用广泛。

但由于工程的"高水头、河谷狭窄、大流量"等特点，挑流消能常常在工程的一定范围内形成降雨或浓雾。严重的是，它甚至会影响枢纽建筑物的正常运行、道路交通安全、两岸边坡的稳定性以及下游居民的生产和生活。我国对雾化问题的认识，始于对已建成工程的实践，许多工程因为雾化造成了巨大的破坏或经济损失。表 1.2 是国内外部分水利工程泄洪雾化的原型观测资料。

表 1.2　国内外一些水利工程泄流雾化的原型观测资料

工程名称	工程概况	泄流量	雾化情况	主要危害
乌江渡水电站	重力拱坝，最大坝高165m，挑流消能	852~6200 m³/s	雾化范围坝下 80~450m，上升高度大于 300m	两岸岩体遭暴雨冲蚀
刘家峡水电站	重力坝，最大坝高147m，挑流消能	最大9500m³/s	雾化范围 200~300m，上升高度在100m 以上	道路交通受阻
黄龙滩水电站	重力坝，最大坝高107m，挑流消能	最大11200m³/s	整个厂区上空被浓雾笼罩	厂房被淹，高压线短路，停电49天
新安江水电站	宽缝重力坝，最大坝高105m，挑流消能	1040~4995m³/s	最大风速13~15m/s，右岸离开坝下1km处仍可见雾状水汽	两岸交通中断，开关跳闸，机组停止运转
白山水电站	重力拱坝，最大坝高149m，挑流消能	300~1668m³/s	雾化范围坝下大于 700m，水舌下方两侧水雾区风速17~22.4m/s，爬高386m	开关站电气设备被溅水飞石砸坏，地下厂房进水，临时建筑物倒塌、被破坏，设备及器材被冲走移动，两岸被冲刷
凤滩水电站	空腹重力坝，最大坝高112.5m，挑流消能	最大12500m³/s	雾化范围纵向长370m 左右，横向宽达 190m，上升高度超过坝顶18.5m	两岸公路无法通行，距坝址约280m 处的办公楼雨强为 480mm/h
鲁布革水电站	黏土心墙堆石坝，最大坝高103.8m，挑流消能	770~1800m³/s	雾化范围溢洪道距坝址600m，泄洪洞区距泄洪洞出口80~290m，上升高度达到坝顶	右岸底层公路处于暴雨中心，雨量大，能见度低，公路以上岸坡偶有滚石落下
漫湾水电站	重力坝，最大坝高132m，挑流消能	454~2117m³/s	雾化范围至挑坎下游200m，距泄洪洞出口190m，上升高度达到坝顶	浓雾区达到交通洞口，对交通有影响
李家峡水电站	双曲拱坝，最大坝高165m，挑流消能	约400m³/s	雾化范围纵向距挑坎 450m	岸坡形成冰层，最厚4m，滑坡
东风水电站	双曲拱坝，最大坝高173m，挑流消能	522~2597m³/s	雾化范围纵向最远可达 1110m	水舌分裂外翅打击岸坡（最大雨量处于右深孔水翅区），影响局部岸坡安全
东江水电站	双曲拱坝，最大坝高157m，挑流消能	433~2846m³/s	雾化范围纵向540~570m，横向200~300m	岸坡不稳定，岩块下落，影响两岸公路交通
二滩水电站	双曲拱坝，最大坝高240m，挑流消能	3688~7748m³/s	雾化范围纵向760~1230m，上升高度最大可超过坝高80m	水垫塘两岸局部滑坡
安康水电站	重力坝，最大坝高128m，挑流消能	最大9800m³/s	雾化范围纵向1000~1500m，上升高度最大可达300m	交通道路受阻

通过对原型观测资料的研究总结可以发现，泄洪雾化可能给工程造成以下危害。

1. 威胁电厂的正常运行

如果水电站厂房处于雾化暴雨区的范围内且排水不畅，则雾化降水形成的暴雨径流将在厂房中积聚，导致建筑物被淹没，水电站不能正常运行。如黄龙滩水电站，采用差动式挑坎，入水点靠近厂房，泄洪雾化导致倾盆大雨，厂房被淹，高压线短路，被迫停电 49 天，仅发电一项损失，就达 1000 多万元。

2. 影响输(变)电系统的运行

雾化降雨导致水电站输电(变电)系统跳闸和断电，影响电站的正常运行。如 1983 年，新安江水电站在汛期泄洪，产生了雾化降雨，导致距坝下 150m 左右处 220kV 变压站有 2 跨跳闸，机组被迫停止运转。另一个例子是刘家峡水电站冬季泄洪，输电线路因雾化结冰下垂而不能正常运行，只能停止发电，被迫重新建造一条离雾区较远的备用线路。

3. 造成道路交通的中断

浓雾使得道路能见度极低，同时伴随狂风暴雨，造成下游道路中断，无法进入厂区。例如，刘家峡水电站左泄水道运行时，其右岸将变为强雾化降水区域，导致主要交通受阻，无法进入厂区。为解决这一问题专门修建了一条防雾廊道，长 200m，即便如此，在晴天泄洪时，通过廊道，行人也需穿雨衣。

4. 冲蚀两岸诱发滑坡

雾化形成的雨水不仅会破坏植被、侵蚀地面，而且会侵入岩体内部，削弱岸坡的滑动阻力，引发滑坡。例如，1987 年，龙羊峡水电站因水雾引起了下游右岸虎山坡数百万平方米岩石边坡的变形，1989 年造成数十万平方米岩体突然倒塌；又如 1997 年，李家峡水电站持续泄洪 23 天，在 2220m 以下斜坡上形成大范围的冰层，导致排水不畅并增加了地面水的下渗量。

5. 形成飞石或泥雾

当下游水深不足时，河床中的碎石会随着溅水一起飞出，并向下游和两侧射击。例如，1986 年，白山水电站在泄洪时，飞石与水体一起飞出，飞石最大直径为 10cm，砸坏 11 个绝缘瓷瓶，造成停电、两台机组停运。当下泄水流中泥沙含量较大时，会产生含泥水雾，不仅污染环境，而且还会损坏设备。例如，当黄河上的青铜峡水电站泄洪时，会产生泥雾，使设备上覆盖一层厚厚的泥土，影响设备的正常性能。

1.1.2 泄洪雾化研究常用方法

影响泄洪雾化的因素较多，大量研究发现，与泄洪雾化最为密切的影响因素有下面几点：泄流量、泄流方式、下游地形、气象条件、上下游水位差。因雾化影响因素较多，单独使用一种方法很难准确预报，需要运用多种方法同时完成。目前主要有以下几种泄洪雾化研究方法：原型观测、物理模型试验和数值计算。

原型观测是目前研究泄洪雾化的重要手段，通过原型观测不仅能够更深入地认识雾化水流特性和解决工程问题，还能够作为一种验证数值计算与物理模型试验成果的重要手段。泄洪雾化原型观测不仅技术难度大，而且需要花费大量的人力、物力。就目前的技术水平而言，得到的原型观测数据也只是一个概数，不易获得十分精确的数据。此外，各个工程的水流条件、气象条件及地形条件均有很大不同，不能够将某一工程的原型资料直接运用到另一个工程中。即便如此，原型观测数据仍然为雾化水流进行理论分析工作提供了重要的研究基础，也是衡量预测方法可靠性的重要依据。乌江渡水电站、东江水电站、二滩水电站、刘家峡水电站、漫湾水电站和白山水电站等雾化水流的原型观测，为雾化水流的研究提供了许多宝贵的资料。

在收集和分析了大量雾化原型观测数据后，刘宣烈(1989)将雾化区分为浓雾区、薄雾区和淡雾区，提出了每个雾化区的纵向范围、横向范围以及高度的估算公式。

(1) 浓雾区

$$纵向范围(m) \quad L=(2.2\sim3.4)HD \tag{1.1}$$

$$横向范围(m) \quad B=(1.5\sim2.0)HD \tag{1.2}$$

$$高度(m) \quad T=(0.8\sim1.4)HD \tag{1.3}$$

(2) 薄雾区和淡雾区

$$纵向范围(m) \quad L=(5.0\sim7.5)HD \tag{1.4}$$

$$横向范围(m) \quad B=(2.5\sim4.0)HD \tag{1.5}$$

$$高度(m) \quad T=(1.5\sim2.5)HD \tag{1.6}$$

式中，HD 是最大坝高，m；L 是距坝脚或厂房后部的纵向距离。

李渭新等(1999)根据所搜集到的泄洪雾化原型观测资料以及部分模型试验资料，在综合分析各种因素的基础上，讨论了挑流消能雾化范围的粗估方法。

$$无碰撞时 \quad L=5.6Hs+(130\sim330) \tag{1.7}$$

$$有碰撞时 \quad L=5.6Hs+(330\sim450) \tag{1.8}$$

式中，Hs 为鼻坎水头，m。

物理模型试验相比原型观测具有便捷、直观、重复性强、不受时间约束等优点，故物理模型试验是原型观测的补充和延伸。目前主要的物理模型试验包括水工模型试验和风洞试验。例如，武汉大学通过水工模型试验研究了漫湾水电站、三峡水电站等工程的雾流扩散问题。南京水利科学研究院通过大比尺水工模型试验对小湾水电站和二滩水电站的溅水范围进行了详细研究。长江科学院也建立了泄洪雾化概化模型，用以研究泄洪雾化源的形成过程和源区降雨强度的分布等，这些试验都取得了较好的成果。但雾化水流的发展过程极其复杂，在其发展过程中包含了多种流态的组合，用一种模型比尺来模拟雾化发展过程比较困难。特别是在相似准则的问题上，必须满足重力相似准则和雾化相似准则，后者还包括水舌表面破碎相似准则、水点飞溅相似准则、雾流扩散相似准则。

因此，若模型试验中不加以分析和考虑上述相似准则的问题，预测精度必然会降低。目前在水力学模型设计中，主要考虑重力的作用，尤其当流体雷诺数足够大时，黏滞力的影响可以忽略不计，故设计模型时多遵循重力相似准则。然而，泄洪雾化中的表面张力影响很大，一般模型中较少考虑到表面张力的相似影响。因此，在泄洪雾化模型试验中，还应考虑表面张力的影响，即满足韦伯数相似准则，下式为韦伯数 We 的表达式：

$$We = \frac{\rho \gamma V^2}{\sigma} \tag{1.9}$$

式中，ρ 为液体密度，kg/m^3；γ 为特征长度，因射流在空中运行时，其纵向运动轨迹的曲率半径大，表面水体容易在纵向失稳，所以特征长度 γ 采用纵向轨迹的曲率半径，m；V 为射流的平均流速，m/s；σ 为表面张力，N/m。试验结果表明，当 $We>500$ 后，溅水区雾化水流的模型只需考虑重力相似准则。

南京水利科学研究院进行了一系列模型试验和其他工程试验及专题研究，得到溅水区降雨长度比尺 λ_s 的表达式：

$$\lambda_s = \frac{L_{am}}{L_{ap}} = \lambda_l^{\,n} \tag{1.10}$$

式中，L_{am} 和 L_{ap} 分别为模型和原型的降雨长度，m；λ_l 为模型的几何比尺；n 为几何比尺的指数。

数值计算是一种基于原型观测和物理模型试验的半经验半理论分析方法，根据主要因素建立假定，并按照物理过程建立数学方程，然后求解雾化物理参数，根据原型数据或物理模型试验数据确定待定系数，最后，利用原型数据验证模型的正确性。因其可以快速、反复地进行模拟且可以在成本较低的情况下得到较为全面的数据而被广泛采用。在此方面，天津大学和武汉大学研究较多，对三峡、漫湾、小湾、二滩等水电站建立物理模型进行了雾化水流的影响范围预测。

1.1.3　挑流泄洪雾化机理研究

泄洪雾化问题自提出后，经国内外专家学者多年的研究，已经初步地认识和了解了挑流泄洪的雾化机理。研究认为挑流泄洪雾化的雾化源主要来自三个方面：水舌空中扩散、水舌空中碰撞和水舌入水激溅。

水舌空中扩散：高速水流从泄水建筑物的鼻坎挑射出来后，在空中运动时，在水和空气相互作用下，边界层会形成于水舌和空气的边缘处，同时有漩涡产生于交界处。当水舌边界层与空气边界层发生交汇时，漩涡也会相互掺混和变化，使水舌的紊动性增强，并不断扩散从而形成掺气水舌。同时，水块和水点会随着水舌的分裂破碎而分离出来，并在运动过程中分裂成更小的水点。这些水点也在不断的运动过程中形成了雾化降水和水雾。

水舌空中碰撞：为了减小水舌跌入下游消力池内的动能，工程中会利用两股水舌在空中发生碰撞来消耗能量。同时，两股水舌碰撞，其紊动性和变形会大幅增强，使得边缘处含气浓度高的水团被带入水舌内，加剧水舌的散裂。最终从水舌分离出来的水点和水块更多，加剧雾化降水和水雾。

水舌入水激溅：当水舌完成空中运动后，即使有碰撞发生，水舌撞击下游消力池的速度还是较高。因表面张力作用，当水舌刚撞击到消力池水体时，水舌不能及时排开消力池内的水，此时的撞击类似刚体撞击，并且在撞击点处产生大的冲击力。当水舌撞到消力池中的水体时，水舌会将位于撞击点处的水体排开并压弹形成激溅现象。由于消力池内水体本身具有较强的压弹性，激溅水块不会完全落回水体，由于压弹效应和水的表面张力作用，一部分会反弹起来，成为激溅水流被抛射到周围。这部分水点和水块将在水舌风、坝后场风、空气阻力等作用下进一步破碎。较大直径的水点会形成雾化降水，而较小直径的水点则会形成水雾，在空中不断运动并向外扩散出去。

目前，关于哪一种雾化源是最主要的还没有一致的结论，但大部分学者认为主要的雾化源是水舌入水激溅和水舌空中碰撞。挑流水舌撞击水体时，会发生强烈的激溅作用，而激溅起来的水块和水点可近似看作弹性体在重力、浮力和空气阻力等作用下随机向外抛射，随后在水舌风、坝后场风等作用下，不断向下游和两岸山坡扩散。因此，根据雾化降水的强度和各区域的雾化形态，可将挑流泄洪雾化分为两个区域：强暴雨区和雾流扩散区。前者是指水舌在空中碰撞点到入水点后的一定范围，包括水舌碰撞区和入水激溅区；而后者是指入水激溅区之后的区域，主要包括雾流降水区和薄雾区，其示意图如图 1.1 所示。

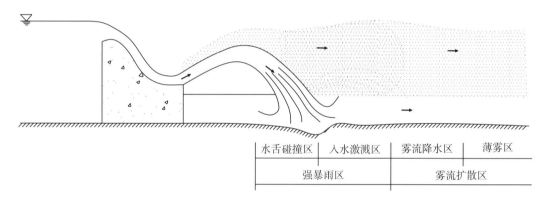

图 1.1　挑流泄洪雾化分区示意图

为了研究雾化机理，国内外许多研究者对水舌空中碰撞雾化、水舌空中扩散雾化和水舌入水激溅雾化这三类雾化进行了一系列研究，主要针对水舌运动轨迹、雾源量、雾化范围和强度展开研究，取得了一定的成果。

1.2　射流空中扩散研究现状

1.2.1　射流空中运动的机理

当坝身深孔、表孔或者是溢流坝、溢洪道、泄洪洞鼻坎射出的高速水流在空中运动时，由于黏滞力作用在水和空气之间，因此水舌表面流体微团的运动速度不断降低，同时水舌表面的空气被水舌卷入。随着出口距离的增加，水舌表面受空气以及水舌自身黏滞力的作用将越来越大。

由于空气对水舌有阻滞作用，在空气与水舌之间的界面处会形成一些小的波纹，并且随着振幅的增大会形成小的漩涡，随着边界层的发展，这些漩涡最终会深入水舌内部。这些小漩涡将随着水舌上下两个边界层交汇碰撞成更多更小的漩涡，使水舌内部的脉动流速不断增加，水舌进而扩散得更快。

同时，黏滞力作用会使水舌表面产生一些较大波纹，它们随着运动距离的增加聚集能量，使波幅逐渐增大，这些波在黏滞力所形成的力矩作用下形成较大的漩涡，与此同时，大量空气卷入，在大漩涡和小漩涡之间的相互作用下，水舌会分裂为水束，水束后来破碎为水片或者是水点。随水舌的分裂破碎加剧，水舌的掺气就变得越来越充分，水舌的厚度逐渐变大，密度逐渐变小。

受水舌出口处流速脉动以及水舌自身不稳定性等因素的影响，水舌会围绕其轨迹线不停地摆动，摆动促使漩涡产生的同时会加剧漩涡间的相互作用，加速水舌的分裂和破碎。

刘宣烈和张文周(1988)将初始断面未掺气的水舌在空中运动的过程分为四个区段：初始段、过渡段、分裂段和破碎段，如图 1.2 所示。

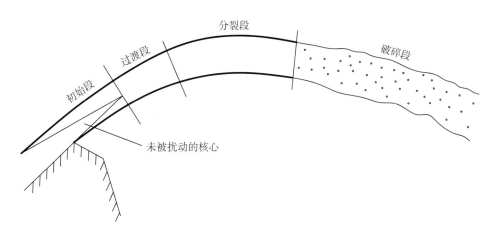

图 1.2　水舌在空中运动的过程

1.2.2　射流空中扩散规律国内研究现状

刘宣烈和张文周(1988)通过试验方法对水舌扩散规律、水舌内流速分布及其能量损失进行研究，得出了水舌任意断面厚度的函数式以及雾化范围估算式。

水舌任意断面厚度的函数式可写为

$$h/h_0 = f(S/h_0, \theta_0) \tag{1.11}$$

其表达式为

$$h/h_0 = 1 + \left(0.038 + 0.0144\frac{\theta_0}{180°}\right)S/h_0 \tag{1.12}$$

$$h = h_0 + 0.04S \tag{1.13}$$

式中，S 为水舌厚度，h 为断面到初始断面的曲线距离，m；h_0 为初始断面水舌的厚度，m；θ_0 是水舌的出射角，(°)。

水舌的断面流速分布符合概率分布，即

$$v/v_m = \mathrm{e}^{-K_1\left(\frac{2y}{h}\right)^2} \tag{1.14}$$

式中，v_m 为水面任意断面的最大速度，m/s；v 为水舌内距最大速度点距离为 y 的水点速度，m/s；通过整理，K_1 值可用下式表示：

$$K_1 = -\ln(0.915 - 0.0021S/h_0) \tag{1.15}$$

刘宣烈和刘钧(1989)使用摄影测量法和电阻式掺气仪测量法，获得了水舌断面的含水浓度，沿程的一些变化和参数之间的一些关系式，三维水舌的横向和纵向扩散规律。发现水舌断面含水浓度 β 沿程分布符合高斯分布，并存在下列关系：

$$\beta/\beta_m = \mathrm{e}^{-K_2\left(\frac{2y}{h}\right)^2} \tag{1.16}$$

式中，$K_2 = 0.49Fr_0 + 1.00$，Fr_0 为坎口的水流弗劳德数；β_m 为某一断面上最大的含水浓度；y 为含水浓度测点距对称轴的距离，m。

求得水舌横向扩散宽度 b 表达式为

$$b/b_0 = 1 + \left[0.426Fr_0^2\left(b_0/h_0\right)^{-3} - 0.0032\right]S/h_0 \tag{1.17}$$

其中，b_0 为水舌出流宽度。

水舌纵向扩散表达式为

$$当 S/h_0 \leqslant 5 时，\quad h/h_0 = 1 + 0.02S/h_0 \tag{1.18}$$

$$当 S/h_0 > 5 时，\quad h/h_0 = 1.1\mathrm{e}^{K_3(S/h_0-5)^{n_1}} \tag{1.19}$$

式中，$K_3 = (0.264Fr_0 - 0.555)/(b_0/h_0)$，$n_1 = 0.97(b_0/h_0)^{-0.321}$。

姜信和(1989)假定在以水舌中心线为轴线时，水舌各断面的含水浓度和流速上下对称并呈高斯分布，气水总流量的沿程变化与轴线处的流速成正比。在只考虑重力作用的条件下，根据动量定理，推导出水舌卷吸系数 E 的半经验半理论公式：

$$E = \frac{\left(1 - \dfrac{1}{\beta_m}\right)\left(1+\lambda^2\right)^{1/2}}{\sqrt{2}\lambda\left(1+2\lambda^2\right)^{1/4}Fr_0^2\cos^2\alpha I(x)} \tag{1.20}$$

其中

$$I(x) = \int_{\tan\alpha - \frac{gx_0}{V_0^2\cos^2\alpha}}^{\tan\alpha - \frac{gx}{V_0^2\cos^2\alpha}} \left\{\frac{2}{\sqrt{1+2\lambda^2}} + 2\cos^2\alpha\left[\eta^2 - \left(\tan\alpha - \frac{gx_0}{V_0^2\cos^2\alpha}\right)^2\right]\right\}^{\frac{1}{2}}\sqrt{1+\eta^2}\,\mathrm{d}\eta \tag{1.21}$$

式中，β_m 为水舌中心线处的点含水浓度；λ 为无量纲待定常数；V_0、α 为挑流水舌在鼻坎处的流速(m/s)和挑角(°)；x_0 为未掺气核心区末端的 x 坐标值，m。

吴持恭和杨永森(1994)对二维及三维空中自由射流的断面含水浓度分布进行了理论探讨，并提出了相应的计算公式。二维空中自由射流断面含水浓度分布用半值距离表示的计算式如下：

$$\frac{c_w}{c_{wM}} = \mathrm{e}^{-0.69316\left(\frac{\xi}{h_{0.5}}\right)^2} \tag{1.22}$$

式中，c_{wM} 为断面最大含水浓度；c_w 为断面含水浓度；ξ 为在水舌厚度方向上，距离水舌中心线的距离；$h_{0.5}$ 为水舌厚度的一半。

三维空中自由射流断面含水浓度分布计算式：

$$\frac{c_w}{c_{wM}} = \mathrm{e}^{-3.1416[(2\xi/h)^2 + (2z/b)^2]} \tag{1.23}$$

式中，b 为横向扩散宽度，m；h 为纵向扩散厚度，m。

刘士和和梁在潮(1995)将挑流水舌分为三个区域：水核区、水挟气泡区和掺混区域，如图 1.3 所示。水核区是指未被外界流体扰动、无气泡掺入的区域，其半宽(水舌外边界距水舌中心线的距离)用 H_w 表示；水挟气泡区是指气泡浓度小，掺入的气泡对水舌流动结构影响可以忽略的区域，该区域半宽用 H_b 表示；掺混区是指掺气浓度和含水浓度均较高的区域，半宽表示为 H_a。

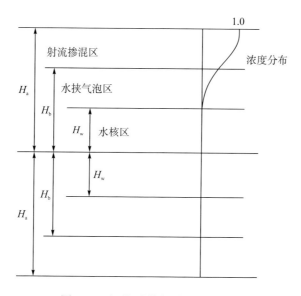

图 1.3 平面部分掺气散裂射流结构

射流掺混区含气浓度的变化为

$$c(x,y) = c_a(x) + [1 - c_a(x)]\mathrm{erf}\left(\frac{y - H}{H_a - H}\right) \tag{1.24}$$

式中，c_a 为水挟气泡区与射流掺混区交界面处的时均含气浓度；y 为含水浓度测点距对称轴的距离；$\mathrm{erf}(x) = \dfrac{2}{\sqrt{\pi}}\displaystyle\int_0^x \mathrm{e}^{-t^2}\,\mathrm{d}t$ 为误差函数。

毛栋平(2015)从细观尺度，以加压射流装置产生的圆柱射流模拟空中水流的散裂，采用高速摄影技术，观察了射流散裂过程中水股的破裂和水点的产生形式，图 1.4 为高速摄像机拍摄的射流散裂形态。利用高速摄像机的拍摄和计时功能，通过统计大量水点的概率分布，定量研究了散裂水点速度和角度的运动特性。总结了不同射流速度和管径下射流散裂形态的变化规律，发现小管径射流在低流速下稳定性较好，在高流速下散裂更加剧烈。还总结了圆射流在试验中不同射流速度下水点散裂的两种主要形式，揭示了散裂水点的速度特性及角度特性。

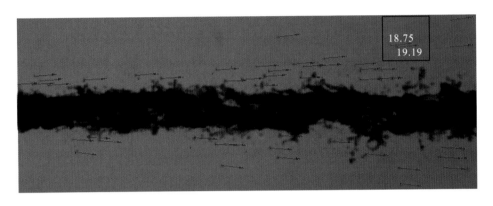

图 1.4　射流的散裂形态

1.2.3　射流空中扩散规律国外研究现状

射流扩散属于流体力学范畴，应用较广，国外在很早就开始研究，并且被广泛应用于喷泉、灌溉、灭火、大气清洁、工业涂装或印刷、化学反应器、雾化和喷雾等，不局限于水利工程。关于空气中射流的系统研究包括试验和理论方面，较多是从微观的角度出发，集中在喷嘴(近场)附近的液-气多相流动特性方面，例如，液体喷射破裂、不稳定性分析、液滴形成或者多相流动力学。

19 世纪初，人们开始开展液体射流试验工作。随后 Rayleigh(1879a，1879b)的研究表明，射流的破碎是由水力不稳导致的，他认为圆柱射流的不稳定是表面波波长比射流周长大导致的扰动，并首次得出了射流表面形成扰动增长率 ω 的理论关系。Weber(1931)进一步扩展了瑞利(Rayleigh)的理论，考虑了液体黏性和周围空气的影响，得到韦伯模型。

Castleman(1932)通过试验和理论分析相结合的方法初步揭示了空气中射流的破碎原理，表明它们是受表面张力的影响，从而破碎，导致喷雾会形成液滴。

Chen 和 Davis(1964)通过尺寸分析建立了从光滑管道出口和孔口排出的水的湍流射流连续长度和初始液滴尺寸的一般方程。使用照相技术的试验结果证实了这些方程的有效性，并表明射流长度与完全发展的湍流的韦伯数直接相关。与层流方程的比较表明，可以修改韦伯方程来描述湍流射流的分裂距离，但是使用涡黏性代替分子黏度是不正确的。平均等效初始液滴尺寸，表示为管道出口或孔口直径的分数，随着韦伯数和雷诺数的增加而增加。对于相同的韦伯数或雷诺数，管道出口直径的增加和相应的速度降低导致平均等效初始液滴尺寸与管道直径之比减小，这表明湍流强度对该比值有影响。测量连续射流表面上的波的频率、振幅和长度发现，波的振幅和长度随着距离管道出口距离的增加而增加，而频率减小，射流的初始扰动主要是由于流体湍流和表面张力。

Sterling 和 Sleichers(1975)证实韦伯模型过分预测了空气的影响，他们通过在方程式右边的第二项中引入经验修正因子来修改韦伯模型，即第二项为 $\gamma\dfrac{\rho_g U^2 k^3}{2\rho a^2}F_3$，后来通过试验，发现 γ 取值 0.175 与试验值吻合良好。

Reitz 和 Bracco(1982)将关注的各种喷射破裂现象分解成各种破裂机制。随着试验条件的改变，这些射流的外观会存在差异。他们把射流的破碎现象分成四个不同的模式，依次是瑞利(Rayleigh)破碎、第一类风生分裂、第二类风生分裂及雾化。他们将破裂机制与限制液体射流稳定性分析的情况联系起来，分析了表面初始扰动的增长，包括液体惯性、表面张力、黏性力和气流对射流的影响。通过线性时间稳定性分析，得到破裂机制模型，该理论对低速射流的破裂机制有完整的描述，然而对高速射流不太理想。根据破裂机制模型，射流表面的轴对称扰动在时间上呈指数增长，直到扰动达到喷射半径 a 的值时。

$$a = Ce^{w_{max}t_b} \tag{1.25}$$

式中，C 为常数；w_{max} 为最大波速(m/s)；t_b 为破碎时间(s)。

Shavit 和 Chigier(1995)通过将湍流发生器嵌入到喷嘴中，用于气体湍流对液体破碎和雾化的影响试验研究。利用这个试验喷嘴，可以改变喷嘴出口的湍流强度而不改变平均速度或雷诺数，同时保持均方根速度或者湍流强度不变。他们对喷嘴产生的自由射流也进行了详细研究，并对其平均速度和均方根速度、湍流动能、雷诺应力和湍流的产生进行了研究。此后 Morozumi 和 Fukai(2004)、Sevilla 等(2005)分别对空气射流与液体射流共同作用的情况进行了研究，重点是研究液体破碎特性和液滴特性。

Rajaratnam 和 Albers(1998)通过试验研究了空气中高速射流的水的分布情况。试验采用三个直径分别为 2mm、2.5mm、3mm 的喷嘴，出口流速为 80～155m/s。发现这些射流都具有内部区域，该内部区域包含大部分的水，而其外部区域则由高速射流产生的空气流挟带细雾。在外部区域与内部区域之间存在可称为粗雾区域的过渡区域。同时还发现水的浓度在射流轴向上随轴向距离迅速减小，在轴向距离为 $200d$ 时水的浓度[①]下降至约 2%，d 是喷嘴直径(mm)，射流中的水相挟带的相对动量通量连续减小，并且在轴向距离为 $1600d$ 处，下降至喷嘴处的值的 25%。

Chanson(2009)发现，湍流时挟带气泡的尺寸和界面面积根据弗劳德相似准则无法进行正确缩放，在试验模型中空气-水界面面积和传质速率被大大低估。

Anirban 等(2010)使用欧拉多相流模型和 k-ε 湍流模型，加上一个新的质量和动量传递数值模拟模型对高速水流的物理特性进行了模拟，结果与试验对比，能够合理预测空气中的高速水流。

---

① 水的浓度=水体积/(水体积+气体积)。

Pfister 等(2014)对挑流上下轨迹的几何形状、轨迹计算的虚拟出射角、沿射流的平均和最小横截面空气浓度以及一般射流空气浓度这四个方面进行了深入研究。研究表明,抛物线轨迹可以用于出射角为负角度的情况,至于沿射流的空气浓度分布,测试表明其完全取决于射流黑水的核心长度。

Zhang 和 Zhu(2013)发现将空气添加到喷嘴上游的水射流中能够促进水射流的分解并产生更小且更均匀的水点,这一方法能够有效地替代使用小孔的传统液体雾化方法,以及替代一些其他专门设计的喷嘴。Zhang 和 Zhu(2015)通过将充气水射流以 45°角射向空气中,研究了不同通气量下水舌的运动轨迹、远端的雨强以及水点大小和速度。结果发现空气注入水中将显著加速射流的破碎,使水射流扩散得更宽、更均匀。同时,水点大小变大(实际上更小),但下降速度仅略微变小。在相同的水平高度,雨强在横向呈高斯分布,纵向呈左倾高斯分布。在最大雨强位置,液滴尺寸和速度也近似于高斯分布。

1.3　射流入水激溅研究现状

1.3.1　射流入水激溅机理

目前对射流入水激溅分为三个阶段:撞击阶段、溅水阶段和流动形成阶段。

撞击阶段:由于表面张力作用,当射流入水接触水体时,来不及排开下游水体的水。与此同时,高速冲击波会在入水点处产生,使得凹坑形成于入水点处,而凹坑外围则会发生壅水现象,且入水点上游壅水面高度较低,而下游壅水面高度较高。

溅水阶段:当水舌与下游水体发生碰撞后,水舌从入水点处将水体冲撞开,溅水开始形成。此前水舌已经充分掺气,加上下游水体本身较强的压弹效应,使得大部分掺气水舌进入水体中,而其余部分则会发生反弹,激溅水块和水点向四周抛射出去。随后在水舌风和坝后场风等力的作用下,水块和水点会进一步发生分裂,大直径的水点形成雾化降水,小直径的水点则会形成水雾,并在外环境的影响下向下游和两岸山坡扩散。由于水点激溅是随机性的,水点的抛射速度和角度各不相同,因而形成的激溅轨迹和距离都是不定的,只能概化为激溅的范围,但激溅轨迹近似为抛物线,因此可将水点的激溅运动视为刚体反弹后的斜抛运动。

流动形成阶段:水舌完全撞击水体后,不仅掺气水舌自身会进入下游水体,并且水舌周围的空气也会被水体卷入,水舌由自由射流转变为淹没射流。在水舌的强烈紊动下,周围水体将混合并继续扩散,水舌断面也不断增大,而速度不断减小,并在水体中形成漩涡,最终使能量消耗掉。

1.3.2　射流入水激溅国内研究现状

刘宣烈(1989)为了研究激溅发生形态、产生机理和喷溅范围,进行了激溅模拟试

验，求得溅水出射角 β_{mo} 的重值计算公式为

$$\beta_{mo} = 44 + 0.32 v_\lambda - 0.07a \tag{1.26}$$

式中，v_λ 为水舌入水速度，m/s；a 为水舌入水角，($°$)。

求得溅水初始抛射速度 v_{0mo} 的表达式为

$$v_{0mo} = 20 + 0.495 v_\lambda - 0.1a - 0.0008a^2 \tag{1.27}$$

梁在潮(1992)提出了雾化水流计算模型，得出了雾化水流影响领域各种不同的计算公式和方法，在考虑多种影响因素后得到

溅水纵向距离：

$$L = \frac{u}{\sqrt{k_1 k_2 g}} \tan^{-1} k - \frac{1}{k} \ln \left[\sqrt{\frac{k_1}{k_2 g}} \times (u - u_0 \cos \gamma) \tan^{-1} k + 1 \right] \tag{1.28}$$

溅水横向宽度：

$$D = \frac{2}{k} \ln \left[u_j \cos \gamma \cos a_m \sin a_m \sqrt{\frac{k_1}{k_2 g}} \tan^{-1} \left(\frac{2 u_e \sin \gamma \cos a_m \sqrt{k_1 k_2 g}}{k_2 g - k_1 u_0^2 \cos^2 \gamma \cos^2 a_m} \right) + 1 \right] \tag{1.29}$$

式中，a、u_e、u_0 分别为水舌入水角($°$)、入水断面的流速(m/s)、水块反弹抛射初速度(m/s)；γ 为溅水反射角，($°$)；e 为虚拟耗散参数；u 为水舌风速，m/s；$k_1 = 3\rho_a C_f / 8\rho_m r_0$，$\rho_a$ 和 ρ_m 分别为空气和水的密度(kg/m³)，C_f 为阻力系数，r_0 为水点粒径，m；$k_2 = 1 - \rho_a / \rho_w$；$k$ 为风阻参数，$k = \dfrac{2 u_0 \sin r \sqrt{k_1 k_2 g}}{k_2 g - k_1 u_0^2 \sin r}$；$a_m$ 是水块达到最大横向距离时的反弹角，($°$)。

刘士和与梁在潮(1995)简要介绍了雾化流的危害及其防范，同时对雾化流原型观测及物理模拟进行说明，详细描述了雾化流的形态和雾化数值模拟的两个关键问题，例如，雾流源量计算，水舌与水面碰撞及水舌射流计算。考虑到雾化水流主要由水点组成并且具有较广的粒径分布，而这些水点主要又来自水舌外边缘分离或通过溅水反弹溅抛而分离出来，作者将其概化为 Γ 分布，即

$$f(r) = \frac{\lambda^T}{\Gamma(T)} r^{T-1} e^{-\lambda r} \tag{1.30}$$

式中，T 为溅抛水点(团)半径分布的形状参数，$\lambda > 0$ 为溅抛水点(团)尺寸参数。参照模型试验结果，近似取 $T=2$，$\lambda=2.5$L/cm。

掺气散裂射流反弹溅抛的可雾化量为

$$Q_2' = \int_{-\infty}^{+\infty} \int_{-H^*}^{+H^*} uU \mathrm{d}y \mathrm{d}z \frac{1}{1 + \sin \theta_m} \tag{1.31}$$

式中，H^* 为水舌断面上含水浓度相应于临界含水浓度 U^* 的某点与射流轴线之间的距离，m；θ_m 表示水点(团)入水角，($°$)；U 表示其时均含水浓度值；u 表示水舌内距最大速度点的距离为 y 的点的速度，m/s。

孙双科和刘之平(2003)在归纳和总结部分已建工程的泄洪雾化原型观测资料后，发现泄洪流量 Q、入水角度 θ、水舌平均入水流速 V_c 对泄洪雾化纵向边界有较大影响，基于量纲分析方法建立了泄洪雾化降雨纵向边界的估算公式：

$$L = 10.267 \left(\frac{V_c^2}{2g} \right)^{0.7651} \left(\frac{Q}{V_c} \right)^{0.11745} (\cos\theta)^{0.06217} \tag{1.32}$$

张华等(2003)通过对挑流泄洪雾化原型观测数据的整理以及挑流水舌入水喷溅机理的研究，对挑流水舌撞击尾水时水点的随机喷溅特性做了详细研究，基于一些基本假定后，建立了水点随机碰溅的数学模型，提出了地面降雨强度的求解方法，认为水点初始抛射速度 v_0 满足伽马分布

$$f(v_0) = \frac{1}{b^a \Gamma(a)} v_0^{a-1} e^{-\frac{v_0}{b}} \tag{1.33}$$

式中，$a = 0.25 v_{0mo}$；$b = 4$；v_{0mo} 为水点初始抛射速度 v_0 的重值，m/s。

水点的偏移角 Φ 满足正态分布：

$$f(\Phi) = \frac{1}{\sigma\sqrt{2\pi}} e^{-\frac{(\Phi-\mu)^2}{2\sigma^2}} \tag{1.34}$$

式中，$\mu = 0° \sim 5°$，$\sigma = 20° \sim 30°$。

段红东等(2005)通过试验研究了溅水区内雾化水流的降雨强度分布规律，试验结果表明，溅水区内的降雨强度分布具有如下规律。

在纵向上：

$$\frac{p_m}{p_{max}} = C_1 \left(\frac{x}{L_m} \right)^2 \exp\left(-b\frac{x}{L_m} \right) \tag{1.35}$$

式中，p_m 为在 x 轴上的降雨强度，mm/h；x 为与水舌入水点的纵向距离，m；L_m 为测水最大纵向长度，m；p_{max} 表示 x 轴上的最大降雨强度，mm/h；C_1、b 均为待定系数。

在横向上：

$$\frac{p}{p_m} = \exp\left[-c \left(\frac{y}{B_m} \right)^2 \right] \tag{1.36}$$

式中，B_m 为横向半宽，m；c 为待定系数；y 为距离水舌中轴线的距离，m。

孙笑非和刘士和(2008)对雾化水流的溅抛水点运动进行了研究，发现由于水点在运动过程中存在形变，水点的阻力系数与刚性粒子的阻力系数不同，提出建议采用如下阻力系数：

$$C_D = \frac{4}{3C_2} \frac{\left(1 + \frac{1}{C_1} Re_d \right)^2 - 1}{Re_d^2} \tag{1.37}$$

式中，C_1、C_2 为待定系数；Re_d 为水点的雷诺数。

同时他们还得到，在其他参数不变的情况下，溅抛长度最短的对应一个特征值 d_c，水点直径无论是增大还是减小，其溅抛长度都会增加，只是当水点直径增大时，增加趋势较为缓慢。

陈端(2008)对高坝泄洪雾化雨强模型律开展研究，对江垭大坝泄洪雾化进行原型观测。在原型观测数据的基础上，又通过 1：80 比例的物理模型试验得到的一些试验数据

进行雨强的模型律研究，得到关于溅水降雨区的雨强模型律。

周辉等(2009)结合乌江渡水电站原型观测结果与系列模型试验测试结果，对模型尺度效应进行检验，分析了泄洪雾化时水流的雷诺数和韦伯数对雾化强度的影响，并建立相应的雨强转换关系，强调了当水流的韦伯数 $We>500$ 时，可以忽略水流的表面张力：

$$\begin{cases} S = S_0 L_s^{-1.53} & 1 \leqslant L_s < 60 \\ S = 2211.58 S_0 L_s^{-3.40} & 60 \leqslant L_s \leqslant 100 \end{cases} \tag{1.38}$$

式中，S_0 表示原型上的雨强，mm/h；S 表示模型上的雨强，mm/h；L_s 为对应比尺。

柳海涛等(2009)通过物理模型试验，模拟了掺气水舌入水激溅现象，采用称重法得到溅水降雨强度的平面分布规律。试验数据与随机溅水模型的计算结果相对比表明，溅水模型中对于溅水水点、激溅速度、出射角度等随机变量采用伽马分布假定，可以较好地模拟溅水雾化现象。

王思莹等(2013)通过概化模型试验，对雾化源区域的降雨强度进行了分析与研究。落水区下游，降雨强度在横向断面内呈单峰对称分布；落水区上游，降雨强度在横向断面内呈双峰分布。

Lian 等(2014)基于模型结果与原型数据的反馈分析，建立数学模型。通过二滩水电站验证分析，证明了该数学模型的适用性。他们将大尺度物理模型与数学模型相结合的预测方法用于量化白鹤滩水电站的雾化降雨强度研究，通过试验证明了初始速度和水点初始仰角是随机的，但两者都有一种模型。根据飞溅试验反馈计算，初始仰角和初始速度的模型可写为

$$\beta_m = 44 + 0.32|u| - 0.07\theta \tag{1.39}$$

$$v_m = (\eta - 0.00327\theta)|u| \tag{1.40}$$

式中，β_m 是水的初始仰角，(°)；v_m 是水的初始速度，m/s；u 是射流的速度，m/s；θ 是射流的仰角，(°)；η 是受韦伯数影响的经验系数。当 $We>600$ 时，$\eta=0.8763$；当 $We \leqslant 600$ 时，

$$\eta = -1.013385 \times 10^{-6} We^2 + 1.3472 \times 10^{-3} We^2 + 0.37794 \tag{1.41}$$

刘之平等(2014)提出了一种随机飞溅模型，用于分析大型水电站泄洪飞溅引起的人工降水。在这个模型中，飞溅现象被认为是一个随机过程，每个液滴的体积累积到地面上与其着陆坐标相对应的网格中。然后通过求解跟踪飞溅液滴的飞行路径运动方程，采用神经网络计算风速矢量和地面高程，以控制液滴运动和飞行时间。因此，该模型可以考虑到风场和自然地形对降雨分布的影响。将数模计算结果与室内飞溅试验和现场测量数据进行对比，结果令人满意。

由水舌驱动的纵向风速可以表达为

$$U = V_c \cos\theta_c \exp\left(\frac{k_5 x}{L}\right) \exp\left(\frac{k_5 y^2}{B^2}\right) \tag{1.42}$$

式中，V_c 和 θ_c 分别是撞击水面时的射流速度(m/s)和俯角角度(°)；$k_5=-1.386$；B 为撞击水面的射流宽度，m；x 和 y 分别为与水舌入水点的纵向距离及横向距离，m；L 为雾化纵向分布范围，m；B 为水舌横向宽度，m。

由水舌运动垂直分量驱动的径向风速可表达为

$$V = V_c \sin \theta_c \exp\left(\frac{k_5\sqrt{x^2+y^2}}{B}\right) \qquad (1.43)$$

合成风速可表示为

$$u_f = \sqrt{\frac{U^2 + V^2 x^2}{x^2 + y^2}} \qquad (1.44)$$

$$v_f = \frac{V_y}{\sqrt{x^2 + y^2}} \qquad (1.45)$$

式中，u_f、v_f分别是x和y方向上的风分量，m/s。

钟晓凤(2015)用高速摄像机从细观尺度对射流入水激溅水点的运动形态进行了研究(图1.5)。研究了不同射流入水角度，冲击形成的凹坑的大小规律，分析了不同入射角下激溅水点的速度特性，证明了激溅水点的溅抛角度与射流入水角具有较大的相关性。通过对激溅水点的初始速度、溅抛角度、水点直径的统计，发现均符合伽马分布。

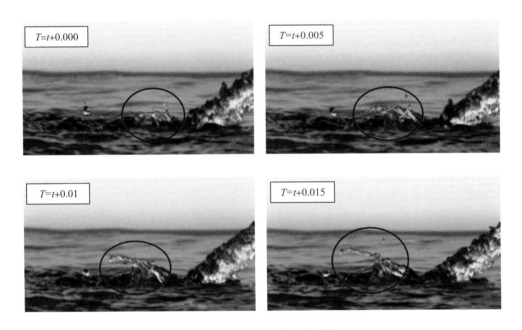

图1.5　激溅水点的形成过程

注：t为初始时间，T为观测时间，单位为秒。

1.3.3　射流入水激溅国外研究现状

国外对射流入水激溅的研究开展得相对较早，在试验和理论方面均有不少学者进行了相关研究，这些研究中，较多是从微观层面来研究液滴与液体表面之间的碰撞。激溅水点在几个世纪以来一直未被肉眼显著观察到，在高速摄影发展之前，难以对这一过程进行详细研究。直到 Worthington(2010)通过试验拍出了非常清晰的液滴撞击液体表面的照片，液滴的直径为 9.1mm，撞击液面的速度为 5m/s，并且观察了液滴撞击液面后的飞溅现象，还给出了一个广泛的描述。Edgerton 等(1939)拍出了高速撞击液面的照片(图 1.6)，反映出他们较高的拍摄技巧。Franz(1959)发现水点撞击在水面上可能导致其产生碰撞的底部挟带气泡的事实。

图 1.6　液滴撞击液面形成王冠

Hobbs 和 Kezweeny(1967)通过试验研究了液滴溅水反弹，发现当固定液滴直径为 3mm 时，在液滴距水面的跌落距离范围为 10～200cm，随着跌落距离增加，激溅起来的液滴数也线性增加。另外，他们通过对飞溅液滴的所带电荷进行测量，发现较大的液滴具有更大的电荷数，但是在研究范围内跌落距离对液滴的电荷数并没有影响。他们还得到了激溅液滴电荷 q 与质量 m 的关系式：

$$q/m=(g/E)\tan\theta' \tag{1.46}$$

式中，θ' 是激溅液滴路径与液面夹角，(°)；E 是施加的电场，V；g 为重力加速度。

Harlow 和 Shannon(1967)对液滴飞溅进行了理论研究，完整的 Navier-Stokes(纳维-斯托克斯)方程可在圆柱坐标系中求出数值解从而便于研究液滴飞溅在平板上、浅水池中、深水池中的数据，包括压力、速度、振荡、液滴破裂和可压缩性。

Macklin 和 Metaxas(1976)通过试验研究了液滴在深层液体和浅层液体上的飞溅。对飞溅液滴采用简单的几何模型用以计算所涉及的各种能量项，并且在能量平衡方程中各项用量纲一的弗劳德数、韦伯数和雷诺数表示。发现在其研究范围内，深层液体上的飞溅由弗劳德数和韦伯数确定，而浅层液体上的飞溅主要由韦伯数确定。通过对试验的一系列照片进行观察，他们假设最大凹陷处的形状是半球形，并且液滴的动能为零，得到了凹陷处半球形的最大半径和各种激溅下形成水冠的最大高度。

Pumphrey 和 Walton(1988)在美国密西西比大学系统地研究了单液滴对液体表面的影响。他们进行了很多细致而详尽的系列试验，释放不同高度以及不同尺寸的液滴，同时用高速摄像机进行拍摄，发现一定范围内的冲击速度和液滴直径会导致液体中气泡挟带。Hasan 和 Prosperetti(1990)通过数值模拟方法研究了液滴撞击同一液面，并且与试验对比，发现计算值与试验值吻合良好。用数值模拟的方法解释了试验中观察到的一定范围内冲击速度和液滴直径会使得小气泡挟带在液体中的这一现象。

Oguz 和 Prosperetti(1990)讨论了液滴在速度范围为 1~30m/s 的时候撞击一个深水池的现象。在这种情况下由液滴引发的液体运动实际上是不受约束的，并且能够在冲击位置推动显著的液体质量。结果表明，一个几乎半球形的凹坑最初出现在未受扰动的水面下。凹坑周围围绕着一圈相当厚的液体(有时候称之为水冠)。它的扩张是短暂的，因为表面张力在一定的凹坑大小下阻止了液体的向下运动，在这种情况下，后者被瓦解，运动被逆转。由于表面张力和惯性力的作用，这种瓦解可能在几次振荡后恢复到平面自由面或者在凹坑处产生射流。有些时候凹坑壁面部分会在其瓦解期间合并，这就会吸入一个或几个气泡到液体中。在某些冲击条件下，在深水池中会形成涡环。

Thoroddsen 和 Shen(2001)发现当液滴撞击液体层时，在水平液面会产生薄薄的液膜，初始的液膜喷射速度可以达到液滴撞击速度的 10 倍。使用荧光染料实现可视化，显示出液膜源自下面的液体层而不是液滴。

Bush 和 Aristoff(2003)通过理论与试验相结合的方法，提出了表面张力 σ 对层流圆形水力跳跃的影响，推导出了沿圆形跳跃的每单位长度的径向曲率力 F_c 的表达式，见式(1.48)。同时表明，在试验条件下表面张力校正通常较小，但是对于小半径和高度的跳跃而言则很明显。

$$F_c = -\sigma\left(s - \Delta R\right) / R_\mathrm{j} \tag{1.47}$$

式中，σ 是表面张力系数，N/m；R_j 是跳跃半径，m；s 是沿着跳跃表面的弧长，m；ΔR 是跳跃首尾部之间表面水平的最近的点之间的径向距离，m。

Yarin(2006)研究了液滴撞击薄液层导致冠状水花形成的现象，将这一现象称为飞溅。基于准一维模型，推导出了理论上的飞溅临界值。

$$V_0 = \left(\frac{\sigma}{\rho}\right)^{\frac{1}{4}} \upsilon^{\frac{1}{8}} f^{\frac{3}{8}} \tag{1.48}$$

式中，V_0 为液滴撞击液面的速度，m/s；σ 是表面张力系数，N/m；ρ 为液体密度，kg/m^3；υ 是黏滞系数，Pa·s；$f=V_0/D$，其中 D 是液滴直径，m。

1.4 射流空中碰撞研究现状

1.4.1 射流空中碰撞消能国内研究现状

空中碰撞消能方式在我国工程中的应用开始于 20 世纪 50 年代，当时我国陈村，泉水拱坝采用了左右两岸滑雪溢洪道射流左右对冲碰撞的消能方式；后来，凤滩水电站和白山水电站采用高、低坎挑流，上下两股射流交汇碰撞的消能方式；二滩水电站和小湾水电站高拱坝坝身泄洪，采用表、深孔射流空中碰撞的消能方式，高拱坝大流量泄洪问题得到了很好的解决，效果非常好。图 1.7 为四川大学水力学与山区河流开发保护国家重点实验室(现山区河流保护与治理全国重点实验室)于 2010 年在二滩水电站拍摄到的表、深孔空中碰撞泄洪消能现场。

图 1.7　二滩水电站表、深孔同时泄洪

水舌空中碰撞消能的特点是尽可能地将水流碎裂成众多水团(滴)，并掺入大量空气，从而提高消能效率。对于碰撞消能的机理研究，已进行了许多工作。试验结果表明，在两股水舌碰撞后，水流分散并且碎裂成众多细小的水股或水团，并以原来各水股的运动轨迹为外边界呈扇形下落，且掺入大量空气。碎裂后水股落入下游水垫后，速度迅速衰减，因此作用在底板的动水压强相应减小。

熊贤禄和葛光(1991)在结合二滩水电站泄洪采用的表、深孔水舌空中碰撞消能方式的基础上，提出了影响表、深孔碰撞消能的一些主要影响因素。郭亚昆和吴持恭(1992)在原有研究基础上，对二滩水电站表、深孔联合泄洪消能进行了分析，研究了不同碰撞角、碰撞点位置以及碰撞角与表孔俯角、深孔挑角的关系。得出为了提高空中消能率，表、深孔水舌碰撞角宜大一些，碰撞点应位于深孔水舌上升段，即最高点以前的结论。刘沛清等(1995)利用流体力学的动量积分方程，详细地导出了计算两股水舌在空中碰撞消能的有关公式，引入了水舌碰撞消能率的概念和计算方法。刁明军和杨永全(1998)通过模型试验，研究了碰撞角和流量比与碰撞消能效果的关系，提出射流碰撞的主要作用在于分散水流，在确定流量比时不必拘泥于流量比等于 1 的传统思路，采用小股射流碰撞大股主射流，同样能够起到分散水流的作用，改善下泄水流进入水垫塘的入流条件，从而提高碰撞消能效果。试验表明，在碰撞角较大时，中、表孔流量比达到 0.2 时，即可使水舌充分散裂。孙建和李玉柱(2002)分析了表孔及深孔挑流水舌上下碰撞能量损失、3D 扩散和漏碰等水力特点，用动量方程和水舌空中扩散宽度沿程变化规律导出 3D 碰撞流速、碰撞效率和碰撞能量损失，得出碰撞的最佳水力条件；孙建和李玉柱(2004)应用紊动射流理论和水流动量方程，提出了水舌空中左右碰撞时合水舌的碰撞流速矢量、碰撞消能效率的计算公式。

刘士和等(2002)也曾综合考虑掺气(包括碰撞段的掺气)与碰撞段水舌外缘空气阻力等因素的影响，对碰撞段水流流动特性进行探讨。一般来说，两股射流相互碰撞后，将形成一股合成的汇合流动。最初射流尺寸有压扁现象，待两股互碰射流汇合后，总射流又以一定的扩张角继续运动，如图 1.8 所示。u，θ，β，H，ρ 分别表示射流速度、角度 (与 x 轴的夹角)、含水浓度、射流厚度的一半及密度，下标"m"表示最大值，下标"1"和"2"用于区别碰撞前的两射流。就平面二维问题来看，上下两侧碰撞消能与左右两侧碰撞消能的碰撞段均可采用相同的模式，其控制方程为

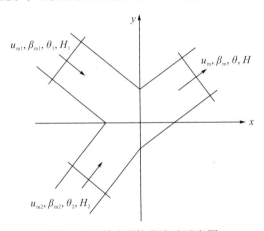

图 1.8　两射流碰撞段流动示意图

(1)水量平衡方程：

$$\int_{-\infty}^{+\infty} u\beta \mathrm{d}y = \int_{-\infty}^{+\infty} u_1\beta_1 \mathrm{d}y_1 + \int_{-\infty}^{+\infty} u_2\beta_2 \mathrm{d}y_2 \tag{1.49}$$

(2)碰撞前后水-气两相流的连续方程：

$$\int_{-H}^{+H} \rho u \mathrm{d}y = \int_{-H_1}^{+H_1} \rho_1 u_1 \mathrm{d}y_1 + \int_{-H_2}^{+H_2} \rho_2 u_2 \mathrm{d}y_2 + \rho_a q_a \tag{1.50}$$

式中，q_a 为碰撞段水舌单宽掺气量，m^2/s；ρ_a 与 ρ_w 分别为空气密度和纯水密度，$\mathrm{kg/m}^3$，且有

$$\rho_1 = \rho_w \beta_1 + \rho_a(1-\beta_1) \tag{1.51}$$

$$\rho_2 = \rho_w \beta_2 + \rho_a(1-\beta_2) \tag{1.52}$$

$$\rho = \rho_w \beta + \rho_a(1-\beta) \tag{1.53}$$

(3)动量方程：

$$\int_{-H}^{+H} \rho u^2 \cos\theta \mathrm{d}y = \int_{-H_1}^{+H_1} \rho_1 u_1^2 \cos\theta_1 \mathrm{d}y_1 + \int_{-H_2}^{+H_2} \rho_2 u_2^2 \cos\theta_2 \mathrm{d}y_2 + f_x' \tag{1.54}$$

$$\int_{-H}^{+H} \rho u^2 \sin\theta \mathrm{d}y = \int_{-H_1}^{+H_1} \rho_1 u^2_1 \sin\theta_1 \mathrm{d}y_1 + \int_{-H_2}^{+H_2} \rho_2 u_2 \sin\theta_2 \mathrm{d}y_2 + f'_y \tag{1.55}$$

式中，f'_x 与 f'_y 分别表示碰撞段单位宽度上的空气阻力在 x 与 y 方向上的分量。碰撞前单位时间单位宽度水舌的动能为

$$E_0 = \int_{-H_1}^{+H_1} \frac{1}{2} \rho_1 u_1^3 \mathrm{d}y_1 + \int_{-H_2}^{+H_2} \frac{1}{2} \rho_2 u^3_2 \mathrm{d}y_2 \tag{1.56}$$

碰撞后单位时间单位宽度水舌的动能为

$$E = \int_{-H}^{+H} \frac{1}{2} \rho u^3 \mathrm{d}y \tag{1.57}$$

定义两股水舌碰撞消能的消能效率为

$$\eta = \frac{E_0 - E}{E_0} \tag{1.58}$$

考虑到碰撞段的流动机理甚为复杂，认为碰撞前、后的时均流速分布与含水浓度同样满足自相似条件，如碰撞前、后水舌的特征量满足

$$u_{m1} = u_{m2} \tag{1.59}$$
$$\theta_1 = \theta_2 \tag{1.60}$$
$$H_1 = H_2 \tag{1.61}$$

则碰撞后，有

$$\beta_m = 0.5(\beta_{m1} + \beta_{m2}) \tag{1.62}$$

$$\theta = \arctan\left(\tan\theta_1 \frac{\beta_{m1} - \beta_{m2}}{\beta_{m1} + \beta_{m2}}\right) \tag{1.63}$$

$$u_m = u_{m1} \frac{\cos\theta_1}{\cos\theta} \tag{1.64}$$

$$H = 2H_1 \frac{\cos\theta_1}{\cos\theta} \tag{1.65}$$

而水舌单位时间单位宽度的碰撞消能效率则为

$$\eta = 1 - \cos^2\theta_1 \left[1 + \tan^2\theta_1 \left(\frac{\beta_{m1} - \beta_{m2}}{\beta_{m1} + \beta_{m2}}\right)^2\right] \tag{1.66}$$

1.4.2　射流空中碰撞国外研究现状

国外关于水利方面射流空中碰撞的研究相对较少，大多集中在燃烧喷雾系统方面，主要研究了两股液体碰撞后形成的液膜—液丝—液滴的变化过程，以及不同碰撞角碰撞后速度场分布及形成液滴大小的分布。

Heidmann 等 (1957) 广泛研究了孔径、射流速度、碰撞角、预冲击长度和液体特性对射流碰撞后产生的最终雾化结构的影响。研究的射流速度范围为 4～30m/s，孔径分别为 0.64mm、1.02mm 和 1.45mm，L/D（纵向距离/横向宽度）分别为 80、50、35，碰撞角范围为 $30° < 2\theta < 100°$。通过研究，Heidmann 等 (1957) 发现射流速度和碰撞角度是决定喷雾结构的关键参数，并且根据速度不同将形成的喷雾结构划分为四个等级。

Taylor（1960）通过试验研究了两个对称的圆柱形射流以一定的角度斜向冲击，发现射流撞击后会形成薄薄的液膜，他还测量了液膜的厚度分布和横向边界，得到了液膜破裂的极限长度，计算了碰撞区域中心点的压力，同时得出了液膜厚度分布计算公式：

$$h = \frac{K(\phi, \theta)}{r} \tag{1.67}$$

式中，K 为定义的液膜厚度参数，它与速度无关，但与碰撞角 θ 和方位角 ϕ 有关；r 是距离碰撞点的距离，m。

Miller（1960）发现在自由空间撞击两束射流，雾化的性能不仅受液膜上的流体动力影响，还受到自由表面张力、黏性力、重力等因素影响，某些情况下，射流中挟带的空气也会产生很大影响。

Dombrowski 和 Johns（1963）选择了单一的孔径，固定预撞击长度和 L/D 值，射流速度从 7m/s 到 20m/s，碰撞角从 50°到 140°不等。Dombrowski 和 Hooper（1964）研究了射流碰撞后形成的薄液膜的分解，通过试验得到：如果射流为湍流，随着射流速度和碰撞角的增加，从液膜分解后形成的液滴尺寸会减小，同时得到破裂时液丝直径计算公式：

$$d_l = 0.9614 \left(\frac{K^2 \sigma^2}{\rho_a \rho_l U_i^2} \right)^{\frac{1}{6}} \left(1 + 2.6 \mu_l \sqrt[3]{\frac{K \rho_a^4 U_i^8}{6 f \rho_l^2 \sigma^2}} \right)^{\frac{1}{5}} \tag{1.68}$$

式中，ρ_l 为液体密度，kg/m³；ρ_a 为空气密度，kg/m³；μ_l 为液体黏度，Pa·s；$f = \ln(T/T_o)$，T 和 T_o 分别为波幅及初始扰动波幅，m；K 是喷嘴系数，由喷雾器计算得出；U_i 是一个速度项，m/s，速度项由三项组成，有两项是液膜两边的空气速度，还有一项是液膜本身的速度。

Huang（1970）研究了两个轴对称的相互完全反方向的水射流对撞，他进行了一系列的韦伯数比较，韦伯数范围从 100 到 3×10^4，使用的孔径从 1.59mm 到 4.76mm。当 100 $<We<500$ 时，被认为会形成稳定的薄液膜，随着射流速度的增加，液膜的破裂长度也会增加；当 $500<We<2000$ 时，被认为是过渡阶段，液膜上会首次出现蜿蜒的波浪；当 $We>2000$ 时，被认为是破裂阶段，反对称波会占主导。同时他也测量了从液膜边缘脱落的液滴的直径，通过分析惯性力和表面张力，得到液滴脱落半径（r_b）的半经验公式：

$$100 < We < 500, \quad r_b = 0.167 d_j We / 2 \tag{1.69}$$

$$2000 < We, \quad r_b = 14.2 d_j^{-\frac{2}{3}} We^{-\frac{1}{3}} \tag{1.70}$$

式中，$d_j = \rho_a / \rho_w$，为空气密度与水密度之比。

Ryan 等（1995）总结了之前的研究成果，发现液膜的雾化特性需要在碰撞角超过一定大小，射流速度高达 25m/s 时才会呈现。他们考虑了射流速度大小和碰撞角度对液滴大小、分裂长度视波长的影响，以线性稳定性为基础预测了液膜破碎和雾化模型，最后比较了试验结果与理论预测之间的关系，表明了冲击波的产生过程中，射流冲击点需要纳入液膜雾化的理论模型中。

Orme（1997）通过试验从细观尺度研究了两个水点之间的碰撞，对两液滴之间的碰撞反弹、聚合、破裂进行了详细的研究。经过大量的数据分析后，他提出了发生反弹、聚合、瓦解、破裂的一些一致性趋势，发现聚合、反弹、瓦解、破裂与韦伯数和液滴半径有关(图 1.9)。

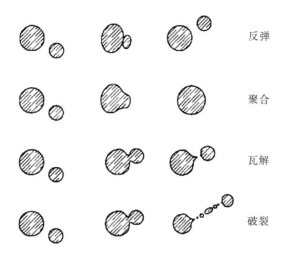

图 1.9　两液滴之间的碰撞反弹、聚合、瓦解和破裂

　　Choo 和 Kang(2001)通过试验研究了碰撞角、液体黏性、孔径和射流速度对液膜厚度分布的影响。试验表明，较大的碰撞角、较小的孔径和较大的方位角会导致液膜厚度更薄，射流速度对液膜厚度基本没有影响。同时他们发现较大的液体黏性会产生较薄的液膜厚度，这个在之前的理论研究中是没有被考虑到的。后来 Choo 和 Kang(2002，2007)又通过激光多普勒测速仪直接测量了两个低度冲击射流形成的液体薄片的局部速度，发现随着碰撞角的增大，液膜速度分布更加均匀。

第2章 射流空中碰撞模型试验系统

通过上一章节的分析知道碰撞角与流量比对消能率影响较大，但碰撞角和流量比对射流空中碰撞后的雨强大小、降雨范围、边界值、水点特性等有何影响尚未做详细的研究，本章将围绕这一研究目的开展相关试验。本章介绍了试验模型与方法、试验设备和拍摄系统，试验设备中有自制的雨量接收系统和测量水点大小及速度的激光雨滴谱仪。

2.1 试验模型及方法

物理模型试验是研究水力学及其规律的重要手段，通过试验能够直接测量到射流碰撞后空间上每个点的雨强大小和各点对应的水点大小及速度。本试验是在四川大学水力学与山区河流开发保护国家重点实验室进行的。

图 2.1 为模型试验示意图。模型在一个长、宽、高为 4m×4m×5m 的水箱上，设计深孔、表孔各一个，且宽度相等，均为 11cm。下游设有一个水槽，水槽长 5m、宽 1m、高 0.7m，水槽尾部安装三角形量堰，测量流量(误差范围为 1%)。水用水泵送入水箱，通过阀门来控制铁箱的水位不变，达到表、深孔流量稳定。

表孔溢流坝剖面采用美国陆军工程兵团水道试验站(waterways expeniment station)的标准剖面，即 WES 剖面，深孔为有压出口，如图 2.2 所示，深孔的孔口高度可以调节，通过调节深孔高度，控制深孔流量，最终达到控制流量比的目的。深孔高度可调范围为 0～5cm，试验中固定好深孔高度后两边用 g 字夹钳固定。试验中表孔俯角 θ_1 保持-30°不变，改变深孔挑角 θ_2(0°～45°)控制碰撞角 β 的范围。图 2.2 是 θ_2 为 30°的侧视图和主视图。

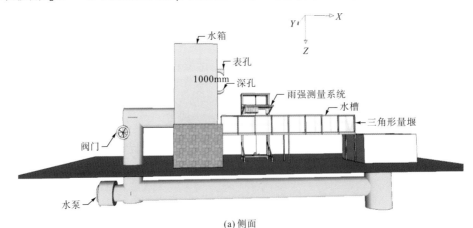

(a) 侧面

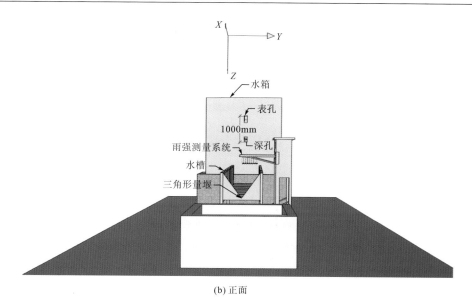

(b) 正面

图 2.1　模型示意图

图 2.2　30°深孔的侧视图和主视图

表、深孔均为轴对称布置，在布置雨量接收平台时，考虑到表、深孔轴对称，如图 2.3 所示，雨量接收平台只布置了一边。

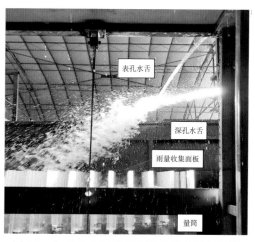

图 2.3　射流空中碰撞及雨量收集实验现场图

模型表孔最大单宽流量为 0.1236m²/s，深孔最大单宽流量为 0.1431m²/s，其计算公式为

$$\text{P.W.Thomson 公式，} \quad Q = 1.40 \times H^{\frac{5}{2}} \qquad H = 0.05 \sim 0.25\,\text{m} \qquad (2.1)$$

$$\text{H.W.King 公式，} \quad Q = 1.343 \times H^{2.47} \qquad H = 0.25 \sim 0.55\,\text{m} \qquad (2.2)$$

式中，H 为三角堰堰顶水头，m。

2.2　试验设备与测试仪器

2.2.1　雨强接收系统

两射流空中碰撞会分散水股，空间雨强范围增大，结合试验情况，课题组自制了雨强接收系统，如图 2.4 所示，完成试验中对空间各点雨强的测量。从图 2.4 中可看出，该雨强接收系统包括可移动底座、支架、雨量收集面板。底座为四边形铁架布置，其中四角分别安装四个滑轮，前轮可前后移动，后轮可前后左右移动，后轮上方分别布置夹片，在底座位置确定后，固定夹片即可固定后轮，以防止底座滑移。支架固定于底座之上。两根立柱安置于底座两条边上，中间设一横梁，增强支架稳定性。雨量收集面板安装于顶架上。顶架与导轮间通过钢索连接，导轮固定于底座上。通过转动导轮，可以使顶架上下移动，实现对空间上各点雨强的测量。

图 2.4　雨强接收系统侧视图

雨量收集面板由有机玻璃板和聚氟乙烯管精加工制成。图 2.5(a)、图 2.5(b) 分别为雨量收集面板的俯视图和仰视图，雨量收集面板横向和纵向分别开有 11 个孔，一共开有 121 个大小一致的孔洞，每个孔洞中心点间隔 10cm，孔洞中固定有聚氟乙烯短管，短管内径为 2cm。Zhang 和 Zhu(2015) 曾通过测量不同内径(1.52～3.26cm)的短管，发现测得的雨强分布基本一致，误差仅为 3%，说明不同管径的测量误差是可以忽略的。为避免水流碰撞到面板后溅水对试验产生影响，面板除了孔洞和支撑的框架外，其余地方全部镂空，且每根短管高出面板 15cm。如图 2.5(b) 所示，短管下端有螺纹，下接可以旋转拆卸的量筒，因为不同点的雨强大小不同，所以量筒的量程范围为 15～3000mL 不等，不同位置的雨强大小不同，选择安装量筒的量程也不同。如图 2.6 所示，量筒安装在面板底部，量筒下端有开关，可存水放水，在有些工况下雨量会超出 3000mL，这时便会在底部开关处接一软管，将水导入更大的容器中。经测试，所有短管以及短管所接量筒全程不漏水，并且量筒标刻无误。因碰撞后水点散得较开且雨量较大，为了防止读数因雨水过大看不清，特意在量筒四周均刻有刻度，且用红色标识，方便读数。

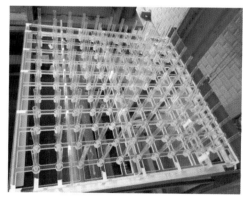
(a) 俯视图

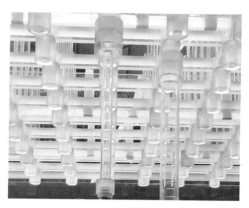
(b) 仰视图

图 2.5　雨量收集面板

(a) 量筒安装位置

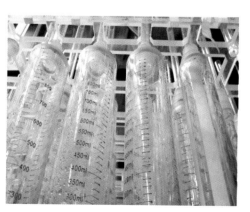
(b) 量筒局部细节

图 2.6　量筒安装位置及量筒局部细节

测量时，依据各点雨强大小，设置不同的测量时间，一般为 60～1000s，用秒表计时。为了保证测量的精度，同样的工况进行两次测量，如果两次测量值相差超过 10%，则重复进行第三次测量。将得到的有效值进行平均，得到最后的测量值，从而计算出各点雨强值，雨强计算公式如下：

$$I_{(x,y)} = \frac{60 \times q_{(x,y)} \times 10^3}{AT} \tag{2.3}$$

式中，$I_{(x,y)}$ 表示坐标 $(x，y)$ 处的雨强，mm/min；$q_{(x,y)}$ 表示坐标 $(x，y)$ 处测得的雨量，mL；$A = \pi D^2/4$，是雨量筒的有效接水面积，mm^2；T 为雨量筒盛水时间，min。

在每次测量中，水平面中的总雨量被积分后与表孔和深孔的总流量进行比较。总的雨量计算公式：$Q_t = \int_{-\infty}^{+\infty}\int_{-\infty}^{+\infty} I dx dy$，这里 I 是测得的雨强，Q_t 是总的雨量，即表、深孔总流量。表 2.4 列出了积分值的两倍与表孔和深孔总流量的比值。对于所有试验，流量的平均守恒率为 $(101.4 \pm 7.0)\%$。在 T2-1-1 和 T3-1-1 试验工况中，雨水流量的损失略大为 $(\pm 9.3)\%$，这可能与雨水在测试中的范围较大有关。因此，通过上述比较显示了测量的可靠性。

表 2.4 试验工况表

试验工况	$\theta_1/(°)$	$\theta_2/(°)$	$\beta/(°)$	z/cm	$q_m/(m^2/s)$	$q_c/(m^2/s)$	f	$2Q/[0.11 \times (q_m+q_c)]$
T1-1-1	−30	0	48	36	0.0373	0.1236	0.3	103%
T1-1-2	−30	0	48	56	0.0373	0.1236	0.3	101%
T1-1-3	−30	0	48	76	0.0373	0.1236	0.3	99%
T1-1-4	−30	0	48	96	0.0373	0.1236	0.3	103%
T1-2-1	−30	0	48	36	0.0745	0.1236	0.6	95%
T1-2-2	−30	0	48	56	0.0745	0.1236	0.6	102%
T1-2-3	−30	0	48	76	0.0745	0.1236	0.6	97%
T1-2-4	−30	0	48	96	0.0745	0.1236	0.6	95%
T1-3-1	−30	0	48	36	0.0727	0.0800	0.9	102%
T1-3-2	−30	0	48	56	0.0727	0.0800	0.9	101%
T1-3-3	−30	0	48	76	0.0727	0.0800	0.9	102%
T1-3-4	−30	0	48	96	0.0727	0.0800	0.9	95%
T1-4-1	−30	0	48	36	0.1091	0.0800	1.3	104%
T1-4-2	−30	0	48	56	0.1091	0.0800	1.3	99%
T1-4-3	−30	0	48	76	0.1091	0.0800	1.3	98%
T1-4-4	−30	0	48	96	0.1091	0.0800	1.3	95%
T1-5-1	−30	0	48	36	0.1073	0.0436	2.5	98%
T1-5-2	−30	0	48	56	0.1073	0.0436	2.5	103%
T1-5-3	−30	0	48	76	0.1073	0.0436	2.5	101%
T1-5-4	−30	0	48	96	0.1073	0.0436	2.5	92%
T1-6-1	−30	0	48	36	0.1427	0.0436	3.2	104%

续表

试验工况	$\theta_1/(°)$	$\theta_2/(°)$	$\beta/(°)$	z/cm	$q_m/(m^2/s)$	$q_c/(m^2/s)$	f	$2Q/[0.11\times(q_m+q_c)]$
T1-6-2	−30	0	48	56	0.1427	0.0436	3.2	106%
T1-6-3	−30	0	48	76	0.1427	0.0436	3.2	103%
T1-6-4	−30	0	48	96	0.1427	0.0436	3.2	100%
T2-1-1	−30	30	77	36	0.0373	0.1236	0.3	95%
T2-1-2	−30	30	77	56	0.0373	0.1236	0.3	102%
T2-1-3	−30	30	77	76	0.0373	0.1236	0.3	98%
T2-1-4	−30	30	77	96	0.0373	0.1236	0.3	94%
T2-2-1	−30	30	77	36	0.0745	0.1236	0.6	110%
T2-2-2	−30	30	77	56	0.0745	0.1236	0.6	108%
T2-2-3	−30	30	77	76	0.0745	0.1236	0.6	103%
T2-2-4	−30	30	77	96	0.0745	0.1236	0.6	99%
T2-3-1	−30	30	77	36	0.0727	0.0800	0.9	102%
T2-3-2	−30	30	77	56	0.0727	0.0800	0.9	101%
T2-3-3	−30	30	77	76	0.0727	0.0800	0.9	90%
T2-3-4	−30	30	77	96	0.0727	0.0800	0.9	93%
T2-4-1	−30	30	77	36	0.1091	0.0800	1.3	105%
T2-4-2	−30	30	77	56	0.1091	0.0800	1.3	102%
T2-4-3	−30	30	77	76	0.1091	0.0800	1.3	103%
T2-4-4	−30	30	77	96	0.1091	0.0800	1.3	97%
T2-5-1	−30	30	77	36	0.1073	0.0436	2.5	103%
T2-5-2	−30	30	77	56	0.1073	0.0436	2.5	101%
T2-5-3	−30	30	77	76	0.1073	0.0436	2.5	100%
T2-5-4	−30	30	77	96	0.1073	0.0436	2.5	98%
T2-6-1	−30	30	77	36	0.1427	0.0436	3.2	92%
T2-6-2	−30	30	77	56	0.1427	0.0436	3.2	97%
T2-6-3	−30	30	77	76	0.1427	0.0436	3.2	95%
T2-6-4	−30	30	77	96	0.1427	0.0436	3.2	93%
T3-1-1	−30	45	90	36	0.0373	0.1236	0.3	109%
T3-1-2	−30	45	90	56	0.0373	0.1236	0.3	108%
T3-1-3	−30	45	90	76	0.0373	0.1236	0.3	106%
T3-1-4	−30	45	90	96	0.0373	0.1236	0.3	101%
T3-2-1	−30	45	90	36	0.0745	0.1236	0.6	94%
T3-2-2	−30	45	90	56	0.0745	0.1236	0.6	102%
T3-2-3	−30	45	90	76	0.0745	0.1236	0.6	103%
T3-2-4	−30	45	90	96	0.0745	0.1236	0.6	97%
T3-3-1	−30	45	90	36	0.0727	0.0800	0.9	103%
T3-3-2	−30	45	90	56	0.0727	0.0800	0.9	101%
T3-3-3	−30	45	90	76	0.0727	0.0800	0.9	98%

试验工况	$\theta_1/(°)$	$\theta_2/(°)$	$\beta/(°)$	z/cm	$q_m/(\text{m}^2/\text{s})$	$q_c/(\text{m}^2/\text{s})$	f	$2Q/[0.11\times(q_m+q_c)]$
T3-3-4	−30	45	90	96	0.0727	0.0800	0.9	96%
T3-4-1	−30	45	90	36	0.1091	0.0800	1.3	106%
T3-4-2	−30	45	90	56	0.1091	0.0800	1.3	103%
T3-4-3	−30	45	90	76	0.1091	0.0800	1.3	101%
T3-4-4	−30	45	90	96	0.1091	0.0800	1.3	98%
T3-5-1	−30	45	90	36	0.1073	0.0436	2.5	108%
T3-5-2	−30	45	90	56	0.1073	0.0436	2.5	96%
T3-5-3	−30	45	90	76	0.1073	0.0436	2.5	108%
T3-5-4	−30	45	90	96	0.1073	0.0436	2.5	104%
T3-6-1	−30	45	90	36	0.1427	0.0436	3.2	101%
T3-6-2	−30	45	90	56	0.1427	0.0436	3.2	96%
T3-6-3	−30	45	90	76	0.1427	0.0436	3.2	96%
T3-6-4	−30	45	90	96	0.1427	0.0436	3.2	94%

2.2.2　水点大小及速度测量装置

水点的大小及速度测量装置，主要分为两个部分：数据采集和数据处理。

数据采集主要使用德国 OTT Parsivel EF 激光雨滴谱仪，如图 2.7 所示，它是一种基于现代激光技术的光学测量系统，主要利用光学原理，通过一个专门设计的特殊传感原件对降雨进行检测，可以全面而可靠地测量各种类型的降水。为了满足试验空间测量的要求，OTT Parsivel EF 激光雨滴谱仪被固定在一个杆上，使用 U 形夹固定能够实现空间上的上下移动。

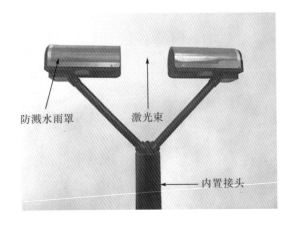

防溅水雨罩　　　激光束　　　内置接头

图 2.7　OTT Parsivel EF 激光雨滴谱仪测量装置

OTT Parsivel EF 激光雨滴谱仪可测量降水的粒子粒径范围、粒子速度范围、雨强范围，以及降水类型，如表 2.1 所示。

表 2.1　OTT Parsivel EF 激光雨滴谱仪可测量数据的范围

可测数据	数据范围
粒子粒径/mm	0.2～25
粒子速度/(m/s)	0.2～20
雨强/(mm/h)	0～1200
降水类型	毛毛雨、细雨、雨、暴雨、雨夹雪、雪

OTT Parsivel EF 激光雨滴谱仪相当于是一个能够发射水平光束的激光传感器。其发射器和接收器集成在封闭室中。图 2.8 为 OTT Parsivel EF 激光雨滴谱仪的测量原理图。

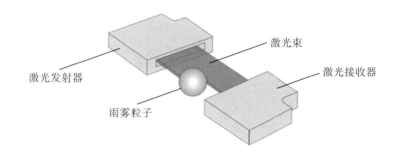

图 2.8　OTT Parsivel EF 激光雨滴谱仪的测量原理

(1) 降水粒子粒径的测量原理：当激光束里没有降水粒子降落穿过时，接收器的输出电压最大。降水粒子穿过水平光束时，以其相应的直径遮挡部分光束，因此降低了输出电压，从而可以确定降水粒子的直径大小。

(2) 降水粒子速度的测量原理：降水粒子的速度是根据电子信号持续的时间推导出来的。电子信号的持续时间为降水粒子开始进入光束到完全离开光束所经历的时间。

防溅护罩安装在 OTT Parsivel EF 激光雨滴谱仪的每个传感器的头部。防溅护罩设有许多小孔，这些小孔能够分解落入的水点。由于防溅护罩的防溅作用，激光束将不会检测到错误的光谱，能够降低落在传感器头上的降水粒子反弹后掉入激光束造成的测量误差。

数据处理系统，是 OTT Parsivel EF 激光雨滴谱仪将收集到的信号通过传输到 CR1000 的模块上，然后通过一个串行端口，就可以将数据从 CR1000 模块上传输到计算机上。OTT Parsivel EF 激光雨滴谱仪对被测粒子是按照直径(D)和速度(V)这两个维度进行分类的，其中在 D 和 V 上均有 32 种类别，因此所有的类别有 32×32=1024 种。故所得数据是一个 32×32 的矩阵，这需要与 OTT Parsivel EF 激光雨滴谱仪匹配的 LoggerNet 软件来处理数据。

LoggerNet 软件是一种集通信和数据采集于一体的应用软件，用户可通过该软件完成配置、建立计算机和数据采集器的连接、发送采集程序、收集数据、观察实时数据以及简单数据分析等。图 2.9 为 LoggerNet 的主界面，通过设置数采类型，通信串口，查看计算机的串行端口并且连接后，就可以采集数据并处理数据。

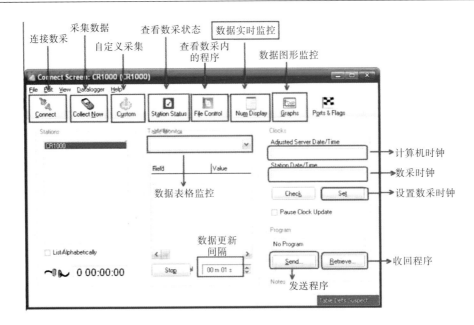

图 2.9　LoggerNet 的主界面

　　数据采集完成后，为了更直观地看到降水粒子粒径、粒子速度、雨强等数据，可以将存储的数据导入另外一个程序。程序界面如图 2.10 所示，从该图中可以得到雨强大小、雨滴速度谱、雨滴尺度谱以及雨滴总平均速度和总平均尺度。

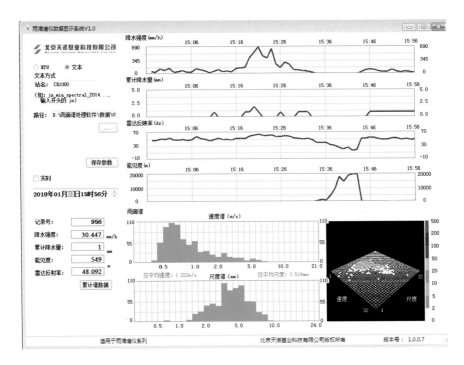

图 2.10　雨滴谱仪数据显示系统

2.2.3　拍摄系统

因试验是在户外大棚内的水箱上进行，拍摄时光线效果不太理想。为了获得水舌碰撞后较为清晰的轨迹线图以及捕捉到散裂水点，在主要的拍摄区增加了照明设施来改善光线条件，这样就可以很好地满足照相机对试验场地光线的需求，就能精确地得到碰撞后轨迹线以及掌握一些水点运动过程。

图 2.11 为一个移动支架投光灯，支架的高度可以调节，高度范围为 0.65～3.00m。灯架上方是一个三头的光源，灯头可旋转，可自由调节角度。灯头是由飞利浦公司生产的，三个灯头均为功率 200W 的正白色光源，光源外有一层坚固的 PC(polycarbonate，聚碳酸酯)面罩，硬度高，折射透光率强，灯具采用防水设计，故可在试验中使用。

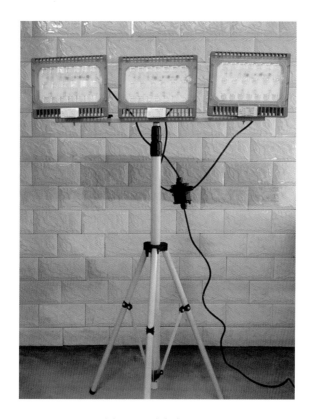

图 2.11　支架投光灯

对于两股射流碰撞后的水点，一般的相机无法拍摄到较为清晰的图片，只能得到带拖影的模糊照片。高速摄影机能在短时间内拍摄大量清晰的运动图片，捕捉到高速运动物体的细节，满足试验中对散裂水流形态、水点运动轨迹、水点大小等试验数据的需求。本书试验采用了 MotionPro Y3-classic 高速摄影机和 Nikkor Lens 变焦镜头(图 2.12 和表 2.2)。

(a) MotionPro Y3-classic高速摄影机   (b) Nikkor Lens变焦镜头

图 2.12   拍摄工具

表 2.2   MotionPro Y3-classic 高速摄影机参数表

指标	数据
最大分辨率	1280pixels×1024pixels
最大拍摄速度	120000fps
最短曝光时间	1μs

注：pixels 表示像素；fps 表示帧/秒。

2.3   试 验 工 况

基于前人的研究，碰撞角和流量比是影响两射流空中碰撞散裂分布范围的重要因素。为了和原型研究更加接近，表 2.3 统计了原型中采用的射流碰撞消能方式的表、深孔流量比，深孔挑角，表孔俯角，深孔尺寸，表孔尺寸。

表 2.3   采用碰撞消能的大型水电站表、深孔相关参数

工程名称	表孔尺寸/m	深孔尺寸/m	表、深孔流量比范围	表孔俯角	深孔挑角
二滩水电站	11×11.5	6×5	0.69～1.04	−20°,−30°	10°,17°,30°
溪洛渡水电站	12.5×16	5×8	0.73～1.63		−5°,5°,12°,20°
小湾水电站	11×15	6×7	0.95～1.62	−10°,−20°,−30°,10°	5°,12°,28°
构皮滩水电站	12×13	6×8	0.87～1.43	0°,−20°,−35°	0°,25°
乌东德水电站	12×18	6×7	0.87～2.07	0°,−20°,−30°	20°
白鹤滩水电站	14×15	5.5×8	0.68～1.22	0°,−15°,−30°	3°,10°,16°

结合原型中常用到的表、深孔各项数据，试验模型中采用的方案为：保持表孔俯角 θ_1 为−30°不变，深孔挑角 θ_2 分别选取 0°、30°、45°，碰撞角 β 为 48°～90°。流量比通过调节深孔的高度和表孔水头来共同控制，深孔的单宽流量 q_m 为 0.03783～0.1427m²/s，表孔的单宽流量 q_c 范围为 0.0436～0.1236m²/s，流量比 $f = q_m / q_c$，范围为 0.3～3.2，

$\theta = \int_0^{+\infty} \int_{-\infty}^{+\infty} I \mathrm{d}x \mathrm{d}y$。本书试验中无论是碰撞角范围还是流量比范围均基本包含了原型的范围。具体工况如表 2.4 所示。

2.4 小 结

本章介绍了试验的整体模型以及测量方法，整体模型中分别介绍了表孔尺寸、深孔尺寸、表孔俯角范围、深孔挑角范围、深孔尺寸调节范围、表、深孔流量比范围、碰撞角范围。对挑角范围和流量比范围的选取原因进行了说明，同时还介绍了整个水循环系统以及下游水槽尺寸。测量系统中介绍了自制雨强接收系统(包括雨量收集面板、量筒、升降平台等)，并对整个接收系统进行了误差分析，同时对水点速度、水点直径、水点个数测量装置中的数据采集和数据处理系统也进行了详细的介绍，此外还介绍了采用的拍摄系统。最后根据试验内容给出本章试验中所采用的工况，以及各工况中具体的深孔和表孔单宽流量，表、深孔流量比等。

第3章 射流空中碰撞散裂雨强分布特性

目前水力学上关于射流空中碰撞后水力特性研究，主要集中于射流空中碰撞后对消能率的贡献，消能效果主要是通过观测消力池内底板压强的分布来进行判断。然而射流空中碰撞改变了水舌原本的运动特性，两股水舌碰撞后散裂程度会加剧，空间上扩散范围加大，继而会加重泄洪雾化程度。

泄洪雾化问题一直以来都是水力学问题中的难点，而水舌空中碰撞带来的雾化问题在近些年尤为突出，如二滩水电站就因为泄洪雾化问题导致两岸多次滑坡。目前关于雾化问题的研究较多是对单股水流入水激溅和空中散裂，鲜有对水舌空中碰撞散裂后雨强分布进行深入探讨。本书详细地阐述了水舌空中碰撞雨强分布特性，对工程整体防护系统的布置与工程状况提前预判有较强的指导意义。本章重点研究不同流量比和碰撞角条件下，两股射流空中碰撞的雨强空间分布特性。

3.1 雨强空间分布特征

3.1.1 射流空中碰撞散裂形式

图 3.1 为两射流空中碰撞后水股散裂形式，通过图 3.1 可看出两股射流在空中碰撞后

(a) 侧视图

(b) 正视图

图 3.1 两射流空中碰撞散裂形式

改变了原来的形态和运动特性，形成的水舌空中散裂程度加剧，碰后水舌横向和纵向扩散范围均随空间距离增大而增大。同时在碰后水舌边缘处可以看到大量水点、水丝和水带脱离。

图 3.2 为不同工况下水平面的雨强(I)分布，两射流空中的碰撞点为坐标原点，水平面上，雨强分布形状均为蘑菇云状，最大雨强值位置均在纵向轴线上，均以雨强最大值位置为中心向横向和纵向扩散。在图 3.2(b)和图 3.2(c)中，随着与碰撞点空间距离的增大，水平面横向扩散范围与纵向扩散范围均增大。不同工况，雨强的最大值位置、在水平面扩散面积、最大雨强值均会发生较大改变。图 3.2(a)中雨强最大值位置为 $x = 50\text{cm}$，图 3.2(e)中雨强最大值位置为 $x = 150\text{cm}$，两种不同工况雨强最大值位置相差 100cm。图 3.2(b)中雨强扩散面积约为 1.26m^2，图 3.2(e)中雨强扩散面积约为 2.4m^2，两种不同工况下雨强扩散面积相差接近一倍。图 3.2(d)中雨强最大值为 7320mm/min，图 3.2(e)中雨强最大值为 3290mm/min，图 3.2(d)中的雨强最大值是图 3.2(e)中雨强最大值的 2.22 倍。

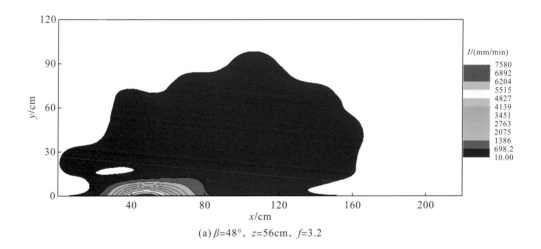

(a) $\beta=48°$, $z=56\text{cm}$, $f=3.2$

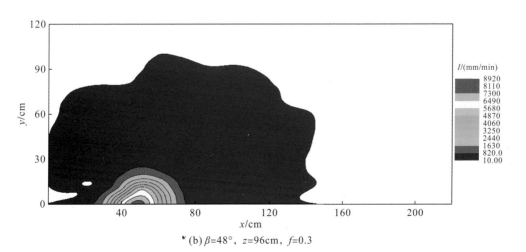

(b) $\beta=48°$, $z=96\text{cm}$, $f=0.3$

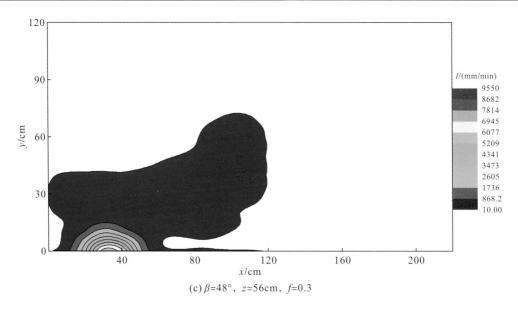

(c) $\beta=48°$, $z=56cm$, $f=0.3$

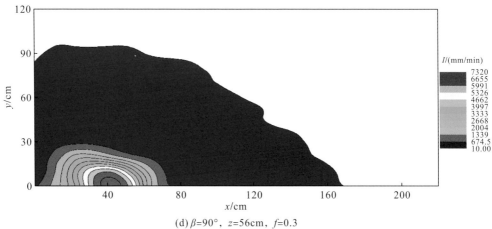

(d) $\beta=90°$, $z=56cm$, $f=0.3$

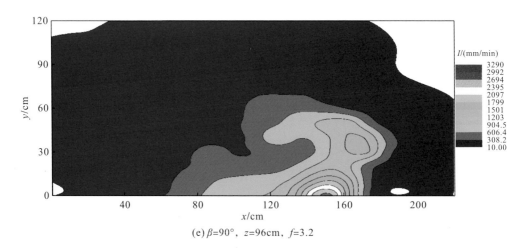

(e) $\beta=90°$, $z=96cm$, $f=3.2$

图 3.2　不同工况水平面上雨强分布规律

3.1.2　射流空中碰撞雨强分布特征点

图 3.3 为雨强分布特征点示意图，主要特征点有雨强最大值位置和雨强边界点。对雨强边界的定义是最大雨强值的 5%，图 3.3 中用红色虚线标示出，故纵向上有最近边界点与最远边界点，横向上有最远边界点。该定义主要参考 Zhang 等(2015)曾在射流溅水试验以及不同掺气浓度挑流在远端雨强分布试验中对边界值的定义。

如图 3.3 所示，雨强最大值定义为 I_{max}，mm/min；纵向轴线上雨强最大值点与碰撞点的距离定义为 L_{max}，cm；纵向雨强最近边界值与碰撞点的距离定义为 L_n，cm；纵向雨强最远边界值与碰撞点的距离定义为 L_f，cm；纵向轴线上最远边界点与最近边界点之间的距离定义为 L_r，cm，$L_r = L_f - L_n$；横向上最远边界值与纵向轴线的距离定义为 L_y，cm。由图 3.3 可以看出，边界值内区域形状类似半个椭圆，且 L_r 为椭圆长轴，L_y 为短轴的一半。

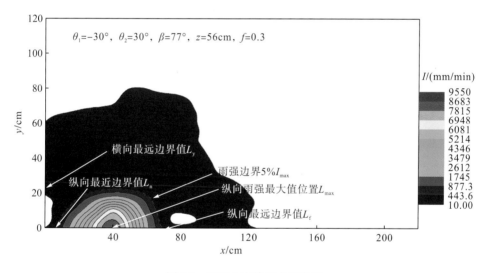

图 3.3　雨强分布特征点示意图

3.1.3　雨强径向分布规律

图 3.4 为不同工况下不同横断面雨强的分布规律。通过图 3.4 可知：①各工况下各横断面最大值均在坐标轴线上。②各工况下，雨强沿横向均逐渐减小，开始减小的幅度较大，而后减小幅度降低。在图 3.4(a)中，$x = 50$cm 所在横断面在 $y = 0$cm 时，$I \approx 9000$mm/min；$y = 10$cm 时，$I \approx 900$mm/min；$y = 20$cm 时，$I \approx 300$mm/min；而后随着 y 值的增加，I 最终减小到接近于 0。③因横向雨强本就对称，故沿横向雨强分布符合高斯分布。

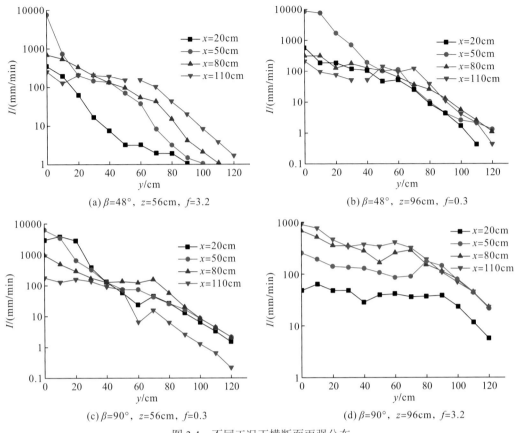

(a) β=48°，z=56cm，f=3.2

(b) β=48°，z=96cm，f=0.3

(c) β=90°，z=56cm，f=0.3

(d) β=90°，z=96cm，f=3.2

图 3.4　不同工况下横断面雨强分布

　　图 3.5 为不同工况下纵断面上雨强值的变化规律，从图中可知：①在同一纵断面中，从碰撞点开始雨强值沿纵向先增加后减小。造成这一现象的原因是射流碰撞改变了水舌的运动特性，使水舌具有各个方向的速度，一些方向上的速度受重力作用经过一系列运动后通常会落在纵向上距离碰撞点一定距离处，从而该位置处的雨强相对较大。②各纵断面雨强最大值附近，雨强值变化梯度较大。纵断面的雨强分布类似高斯分布，不同工况下高斯分布形态有所变化，可以看出，同一工况中越靠近坐标轴线，纵断面雨强越满足高斯分布。

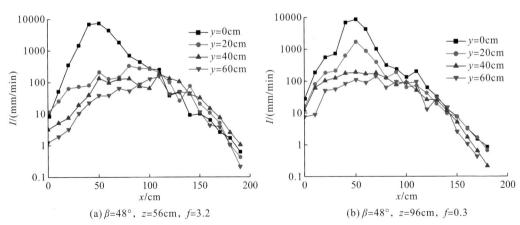

(a) β=48°，z=56cm，f=3.2

(b) β=48°，z=96cm，f=0.3

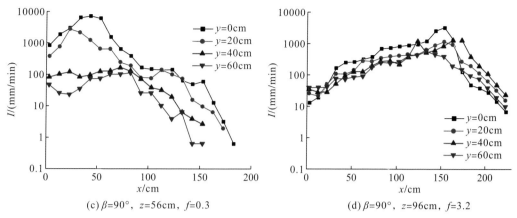

(c) $\beta=90°$，$z=56$cm，$f=0.3$　　　　　(d) $\beta=90°$，$z=96$cm，$f=3.2$

图 3.5　不同工况下纵断面雨强分布

图 3.6 为同一工况下四个不同纵断面的雨强分布，图 3.6(a)～图 3.6(d)依次为 $y=0$cm、20cm、40cm、60cm 所在纵断面，从图中可得：①纵断面上的雨强分布基本符合高斯分布，且越靠近坐标轴，即 y 值越小，纵断面雨强分布越符合高斯分布，也就是 R^2 在 y 值越小的时候越接近 1，图 3.6(a)～图 3.6(d)中 R^2 分别是 0.9715、0.9643、

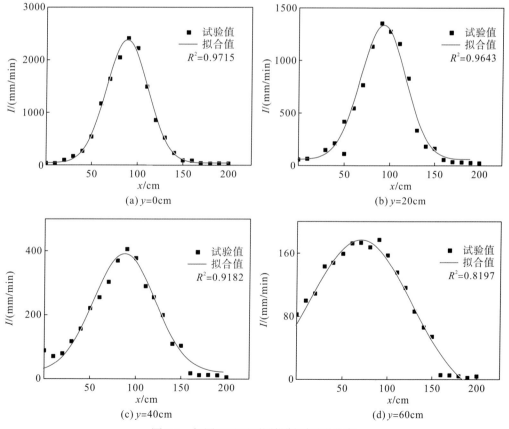

(a) $y=0$cm　　　　　　　　　(b) $y=20$cm

(c) $y=40$cm　　　　　　　　　(d) $y=60$cm

图 3.6　相同工况下不同纵断面雨强分布

0.9182、0.8197。②越远离坐标轴线的纵断面，雨强最大值越小且整体也呈减小趋势。在图 3.6(a) 中，雨强最大值为 2300mm/min；在图 3.6(b) 中，雨强最大值为 1400mm/min；在图 3.6(c) 中，雨强最大值为 400mm/min；在图 3.6(d) 中，雨强最大值为 160mm/min。③越远离坐标轴线，雨强的高斯分布曲线越扁平，故其标准差 σ 值越来越大。当 $y=0$cm 时，$\sigma=22.7$；当 $y=20$cm 时，$\sigma=24.7$；当 $y=40$cm 时，$\sigma=33.6$；当 $y=60$cm 时，$\sigma=56.7$。

3.2 流量比对射流空中碰撞雨强分布规律的影响

3.2.1 流量比对射流空中碰撞散裂形式的影响

图 3.7 为流量比 f 不同，其他试验条件保持不变(碰撞角和距碰撞点的高度)时，雨强在水平面上的分布情况。图 3.7(a)～图 3.7(f)中流量比 f 依次为 0.3、0.6、0.9、1.3、2.5、3.2。从图 3.7 可得以下几点。

(1)射流空中碰撞散裂形式(形状)基本不随流量比变化而发生改变，无论流量比大小，都呈现出蘑菇云状，以雨强最大值位置为中心点向两边扩散开，不同工况扩散范围不同，横向和纵向扩散的距离不同。

(2)当流量比 $f<1$ 时，扩散范围随着流量比的增大而增大。当 $f=0.3$ 时，纵向(x 向)上最远扩散距离为 150cm，横向(y 向)上最远扩散距离为 85cm；当 $f=0.6$ 时，纵向上最远扩散距离为 170cm，横向上最远扩散距离为 97cm；当 $f=0.9$ 时，纵向上最远扩散距离约为 200cm，横向上最远扩散距离约为 103cm。

(3)当流量比 $f>1$ 时，散裂的范围基本稳定。当 $f=1.3$ 时，纵向上最远扩散距离约为 205cm，横向上最远扩散距离约为 110cm；当 $f=2.5$ 时，纵向上最远扩散距离约为 210cm，横向上最远扩散距离约为 105cm；当 $f=3.2$ 时，纵向上最远扩散距离约为 200cm，横向上最远扩散距离约为 115cm。

(4)流量比 $f<1$ 时，扩散面积随着流量比的增大而增大；流量比 $f>1$ 时，扩散面积基本保持稳定。

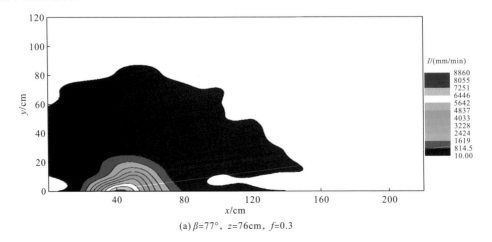

(a) $\beta=77°$, $z=76$cm, $f=0.3$

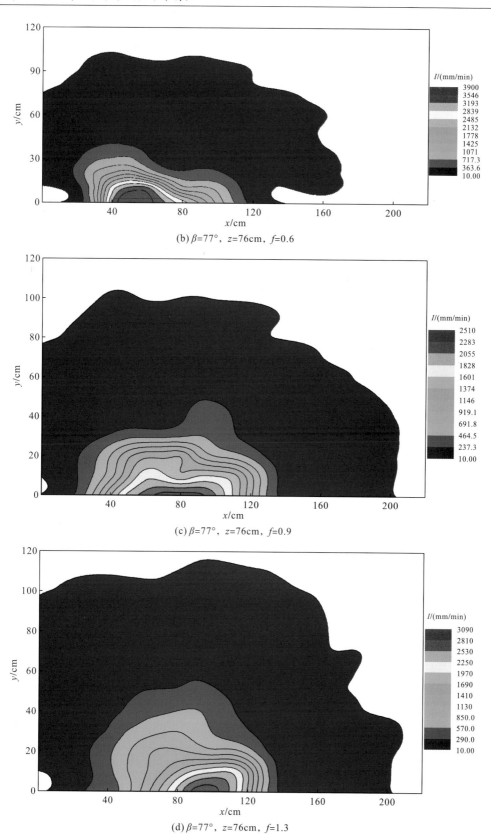

(b) $\beta=77°$, $z=76$cm, $f=0.6$

(c) $\beta=77°$, $z=76$cm, $f=0.9$

(d) $\beta=77°$, $z=76$cm, $f=1.3$

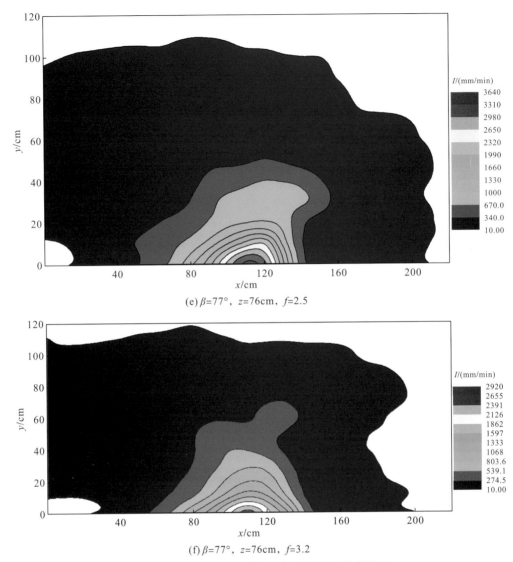

(e) $\beta=77°$，$z=76cm$，$f=2.5$

(f) $\beta=77°$，$z=76cm$，$f=3.2$

图 3.7　不同流量比 f 对水平面雨强分布规律的影响

3.2.2　流量比对射流空中碰撞分布特征值的影响

图 3.8 为不同流量比 f 对水平面雨强分布特征值的影响，图 3.8(a)～图 3.8(f)中流量比 f 依次为 0.3、0.6、0.9、1.3、2.5、3.2，除流量比不同外，其他试验条件均相同，根据图 3.8 和图 3.9 可得以下几点。

(1)纵向雨强最大值与碰撞点的距离 L_{max} 受流量比 f 影响较大，随着 f 的增大，L_{max} 不断变大。流量比 $f=0.3$ 时，$L_{max}=50cm$；当 $f=0.6$ 时，$L_{max}=62cm$；当 $f=0.9$ 时，$L_{max}=80cm$；当 $f=1.3$ 时，$L_{max}=92cm$；当 $f=2.5$ 时，$L_{max}=112cm$；当 $f=3.2$ 时，$L_{max}=118cm$。因为在流量比 f 较小时，表孔流量大而深孔流量小，表孔对深孔射出水向下压，导致纵向雨强最大值位置比较靠近碰撞点。在流量比 f 较大时，深孔流量大，表孔流量小，深孔速度大而挑距较远，这时表孔对深孔影响有限，导致纵向雨强最大值位置远离碰撞点。

(2) 流量比 f 对 L_n 与 L_f 影响较大，随流量比 f 的增加 L_n 与 L_f 均不断增大。当 $f = 0.3$ 时，$L_n = 15$cm，$L_f = 88$cm；当 $f = 0.6$ 时，$L_n = 20$cm，$L_f = 113$cm；当 $f = 0.9$ 时，$L_n = 19$cm，$L_f = 125$cm；当 $f = 1.3$ 时，$L_n = 30$cm，$L_f = 128$cm；当 $f = 2.5$ 时，$L_n = 45$cm，$L_f = 138$cm；当 $f = 3.2$ 时，$L_n = 55$cm，$L_f = 155$cm。

(3) 随流量比 f 的增加，L_r 的值先增大而后减小，当减小到一定值后基本不随流量比变化而变化。当 $f = 0.3$ 时，$L_r = 73$cm；当 $f = 0.6$ 时，$L_r = 93$cm；当 $f = 0.9$ 时，$L_r = 106$cm；当 $f = 1.3$ 时，$L_r = 98$cm；当 $f = 2.5$ 时，$L_r = 97$cm；当 $f = 3.2$ 时，$L_r = 100$cm。

(4) 随流量比 f 增大，L_y 值先增大，当流量比 f 增加到一定值后，L_y 的值保持基本稳定。当 $f = 0.3$ 时，$L_y = 26$cm；当 $f = 0.6$ 时，$L_y = 51$cm；当 $f = 0.9$ 时，$L_y = 60$cm；当 $f = 1.3$ 时，$L_y = 71$cm；当 $f = 2.5$ 时，$L_y = 60$cm；当 $f = 3.2$ 时，$L_y = 79$cm。

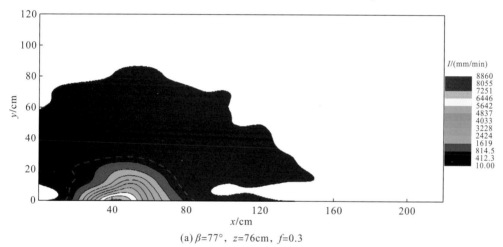

(a) $\beta = 77°$，$z = 76$cm，$f = 0.3$

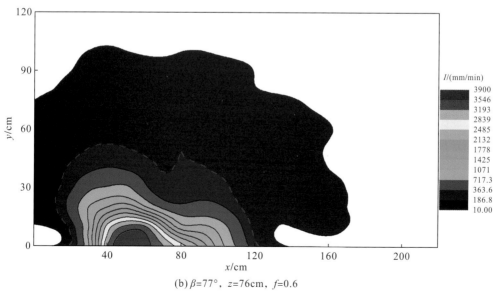

(b) $\beta = 77°$，$z = 76$cm，$f = 0.6$

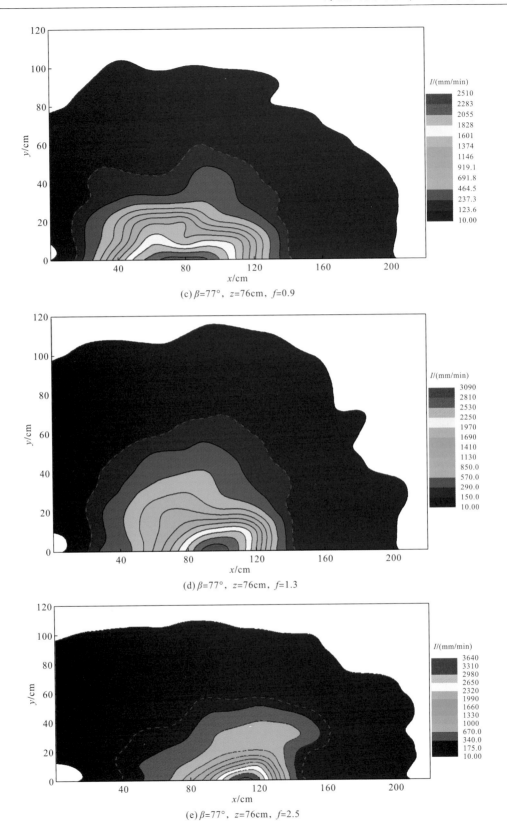

(c) $\beta=77°$，$z=76$cm，$f=0.9$

(d) $\beta=77°$，$z=76$cm，$f=1.3$

(e) $\beta=77°$，$z=76$cm，$f=2.5$

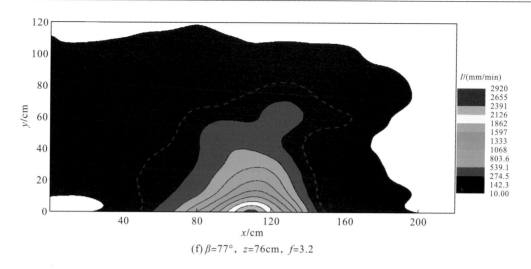

(f) $\beta=77°$，$z=76$cm，$f=3.2$

图 3.8　不同流量比 f 对水平面雨强分布特征值的影响

图 3.9 为不同试验工况下 L_{max} 随流量比 f 的变化规律。

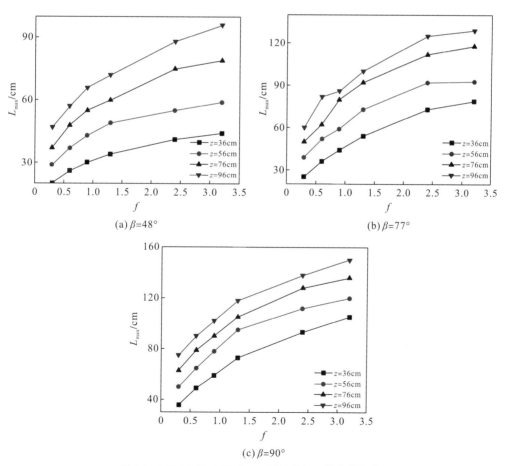

图 3.9　不同实验工况下 L_{max} 随流量比 f 的变化规律

根据图 3.9，可以得出以下结论。

(1) L_{max} 随流量比 f 增大而增大，当增大到一定值后 L_{max} 趋于稳定。例如，在图 3.9（a）中，当 $z=76cm$，$f=0.3$ 时，$L_{max}=37cm$；当 $z=76cm$，$f=0.6$ 时，$L_{max}=48cm$；当 $z=76cm$，$f=0.9$ 时，$L_{max}=55cm$；当 $z=76cm$，$f=1.3$ 时，$L_{max}=60cm$；当 $z=76cm$，$f=2.5$ 时，$L_{max}=75cm$；当 $z=76cm$，$f=3.2$ 时，$L_{max}=79cm$。

(2) 流量比 f 相同时，随着 z 的增大，水平面上 L_{max} 也在不断地增大。例如，在图 3.9（a）中，当 $f=0.3$，$z=36cm$ 时，$L_{max}=20cm$；当 $f=0.3$，$z=56cm$ 时，$L_{max}=29cm$；当 $f=0.3$，$z=76cm$ 时，$L_{max}=37cm$；当 $f=0.3$，$z=96cm$ 时，$L_{max}=47cm$。

图 3.10 为试验工况中 L_n 随流量比 f 的变化规律。可以看出，L_n 在所有工况下，整体均随流量比 f 增大而增大，个别点可能增加不明显甚至是略微减小，但整体趋势仍然是增大，这可能是由试验误差造成的，但也基本都在误差范围之内。在空间上距离碰撞点越近的水平面，L_n 随流量比 f 增加的趋势越不明显，空间上距离碰撞点越远的水平面，L_n 随流量比增加的趋势越明显。例如，在图 3.10（a）中当 $z=36cm$ 时：$f=0.3$，$L_n=10cm$；$f=0.6$，$L_n=12cm$；$f=0.9$，$L_n=13cm$；$f=1.3$，$L_n=12cm$；$f=2.5$，$L_n=15cm$；$f=3.2$，$L_n=16cm$，即随流量比增加，L_n 整体增幅仅为 6cm。在图 3.10（a）中，当 $z=96cm$ 时：$f=0.3$，

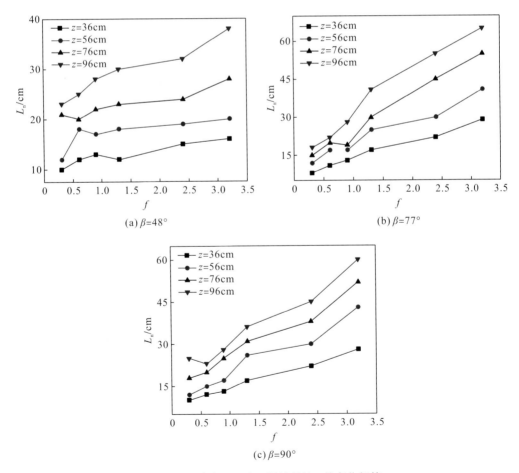

(a) $\beta=48°$　　　　　　　　　　　　　　(b) $\beta=77°$

(c) $\beta=90°$

图 3.10　不同工况下 L_n 随流量比 f 的变化规律

$L_n = 23\text{cm}$ ；$f = 0.6$，$L_n = 25\text{cm}$ ；$f = 0.9$，$L_n = 28\text{cm}$ ；$f = 1.3$，$L_n = 30\text{cm}$ ；$f = 2.5$，$L_n = 32\text{cm}$；$f = 3.2$，$L_n = 38\text{cm}$，即随流量比增加，L_n 整体增加了 15cm。

图 3.11 为不同工况下 L_f 随流量比 f 变化的规律。可以看出，L_f 几乎在所有工况下随流量比 f 增大而增大，当 L_f 随流量比增大到一定值后，L_f 趋于稳定。L_f 随流量比变化的规律与 L_{max} 随流量比变化的规律较为相似。例如，在图 3.11(a) 中，当 $z = 76\text{cm}$ 时：$f = 0.3$，$L_f = 88\text{cm}$；$f = 0.6$，$L_f = 113\text{cm}$；$f = 0.9$，$L_f = 125\text{cm}$；$f = 1.3$，$L_f = 128\text{cm}$；$f = 2.5$，$L_f = 138\text{cm}$；$f = 3.2$，$L_f = 142\text{cm}$。

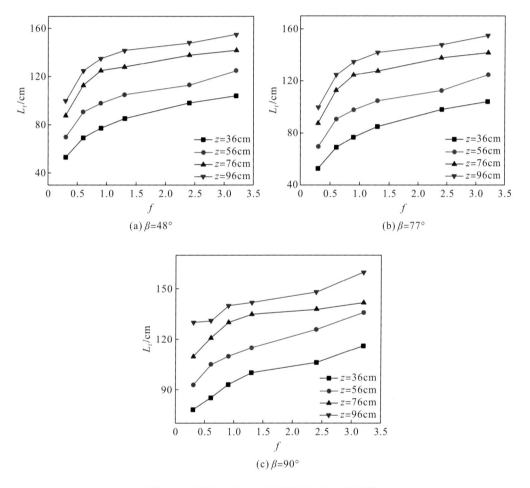

图 3.11　不同工况下 L_f 随流量比 f 的变化规律

图 3.12 为不同的流量比 f 对 L_r 的影响。可以看出，试验中 L_r 随流量比的增大，均呈先增大而后减小的趋势，图 3.12(a) 中这种趋势相对没有那么明显。在图 3.12(a) 中，当 $z = 56\text{cm}$ 时：$f = 0.3$，$L_r = 45\text{cm}$；$f = 0.6$，$L_r = 49\text{cm}$；$f = 0.9$，$L_r = 58\text{cm}$；$f = 1.3$，$L_r = 67\text{cm}$；$f = 2.5$，$L_r = 78\text{cm}$；$f = 3.2$，$L_r = 75\text{cm}$。

图 3.13 为 L_y 随流量比 f 的变化规律。可以看出，L_y 随流量比 f 的增大先增大，在流量比 $f = 1.3$ 附近达到最大，而后减小，当减小到一定值后趋于稳定，不再随流量比变化

而变化。例如，图 3.13(c) 中 $z = 56\text{cm}$ 时：$f = 0.3$，$L_y = 32\text{cm}$；$f = 0.6$，$L_y = 76\text{cm}$；$f = 0.9$，$L_y = 78\text{cm}$；$f = 1.3$，$L_y = 84\text{cm}$；$f = 2.5$，$L_y = 73\text{cm}$；$f = 3.2$，$L_y = 71\text{cm}$。

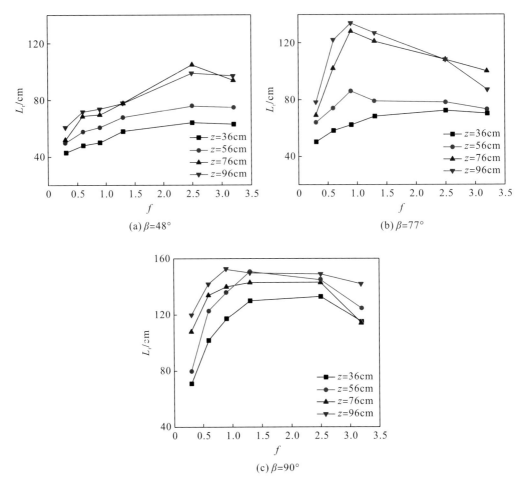

图 3.12 L_r 随流量比 f 的变化规律

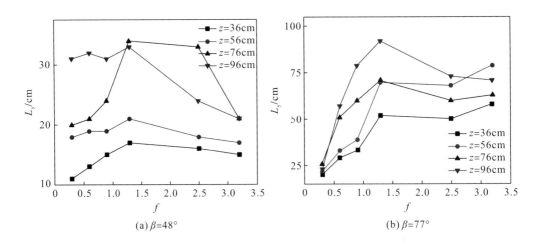

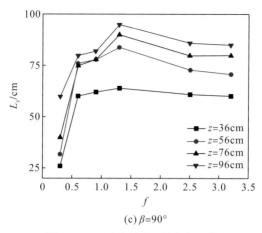

(c) $\beta=90°$

图 3.13　L_y 随流量比 f 的变化规律

图 3.14 为各工况雨强最大值随流量比 f 的变化规律，为了排除总流量对雨强最大值的影响，采用量纲一的变量 q_{max}/Q_t 来比较各工况雨强最大值随流量比的变化规律，其中 q_{max} 为各工况单位时间内接收到的最大雨量值，单位为 mL/s，Q_t 为表孔流量与深孔流量

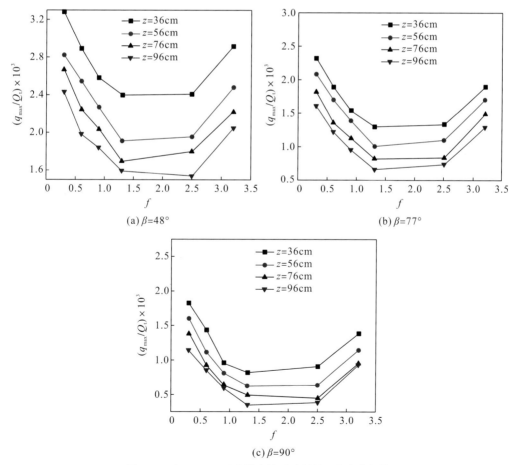

图 3.14　各工况下雨强最大值随流量比 f 的变化规律

之和，即总流量，单位为 mL/s，由于 q_{max}/Q_t 数值较小，故图 3.14 中纵坐标采用 $(q_{max}/Q_t) \times 10^3$ 来表示。图中可以看出：①q_{max}/Q_t 随流量比 f 增大，先减小后增大；②q_{max}/Q_t 在 $f=1.3\sim2.5$ 时，减到最小；③空间上，相同工况下，最大雨强值随空间距离的增大而减小，即距离碰撞点越远的水平面，雨强最大值越小，这是因为碰撞后水舌随着空间运动距离的增大，会加剧水舌破裂和扩散。

3.2.3 流量比对射流空中碰撞雨强纵向分布规律的影响

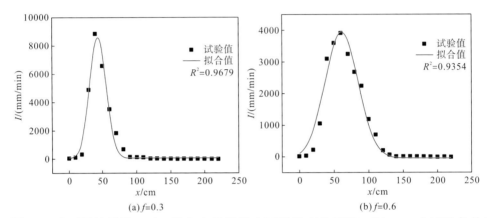

(a) $f=0.3$ (b) $f=0.6$

图 3.15 为不同流量比 f 下，纵向坐标轴线上雨强的变化规律。图 3.15 中试验条件为碰撞角 77°，水平面距离碰撞点距离为 76cm，即 $z=76$cm，图 3.15(a)～图 3.15(f)流量比 f 分别等于 0.3、0.6、0.9、1.3、2.5、3.2。从图 3.15 可以看出：①各流量比下，纵向坐标轴线上雨强大小均符合高斯分布。②随着流量比 f 增加，高斯分布的最大值逐渐沿纵向移动，当流量比 $f=0.3$ 时，$x=45$cm；当流量比 $f=3.2$ 时，$x=105$cm。③流量比 $f<1$ 时，雨强的高斯分布形状随流量比 f 增大而更扁平；当流量比 $f>1$ 时，雨强的高斯分布形状几乎不随流量比 f 变化而发生较大改变。说明纵向轴线上雨强大小在流量比较小时，标准差的值较小；随着流量比 f 增大，标准差增大，但当流量比 f 增大到 1 以后，标准差的值随流量比变化不明显。$f=0.3$，标准差为 11.9；$f=0.6$，标准差为 23.8；$f=0.9$，标准差为 30.16；$f=1.3$，标准差为 22.3；$f=2.5$，标准差为 18.9；$f=3.2$，标准差为 19.7。

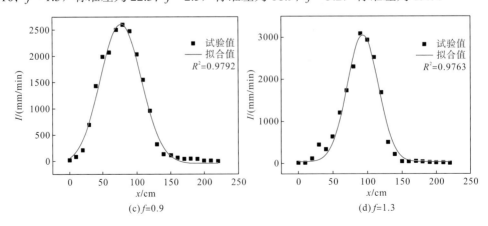

(c) $f=0.9$ (d) $f=1.3$

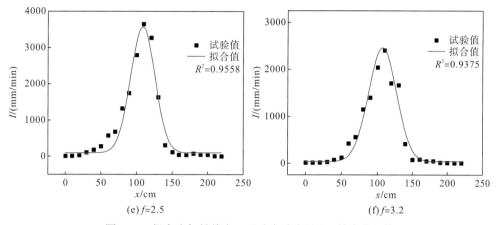

(e) f=2.5　　　　　　　(f) f=3.2

图 3.15　纵向坐标轴线上雨强分布随流量比 f 的变化规律

图 3.16 为不同流量比 f 下，I_{max} 所在横断面雨强分布规律。因布置试验时考虑到轴对称只测了横向的一半，为方便观察和研究横向雨强变化规律，图 3.16 中将另一半进行了补充。图 3.16(a)～图 3.16(f) 流量比 f 分别等于 0.3、0.6、0.9、1.3、2.5、3.2。由图 3.16 可以看出：①各流量比下雨强横向分布为高斯分布，从坐标轴线开始，雨强沿横向一直减小；②随流量比 f 增大，高斯分布形状更扁平，当流量比大于 1 以后高斯分布形状扁平程度没有较大改变。

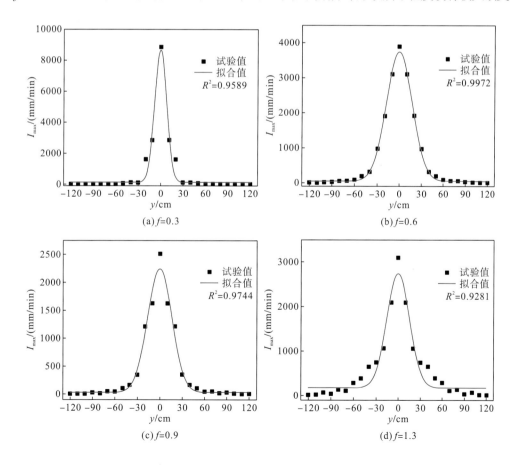

(a) f=0.3　　　　　　　(b) f=0.6

(c) f=0.9　　　　　　　(d) f=1.3

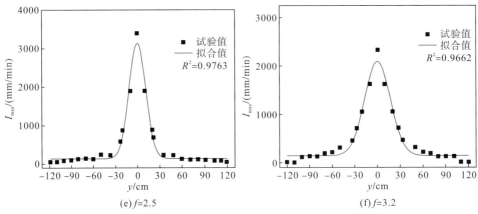

(e) f=2.5　　　　　　　　　　(f) f=3.2

图 3.16　不同流量比 f 下雨强最大值所在横断面雨强分布规律

$\theta_1=-30°$，$\theta_2=30°$，$\beta=77°$，$z=76\text{cm}$

3.3　碰撞角对射流空中碰撞的雨强分布影响规律

3.3.1　碰撞角对射流空中碰撞散裂形式的影响

图 3.17 为碰撞角 β 改变，试验的其他条件保持不变(流量比、水平面距碰撞点的高度)情况下，水平面雨强分布规律。图 3.17(a)～图 3.17(c)碰撞角分别为 48°、77°、90°。从图 3.17 可得以下结论。

(1)射流空中碰撞散裂形式基本不随碰撞角变化而变化，都基本呈现出蘑菇云状，以雨强最大值位置为中心点向两边扩散开，不同碰撞角 β 扩散范围不同，横向和纵向扩散的距离不同。

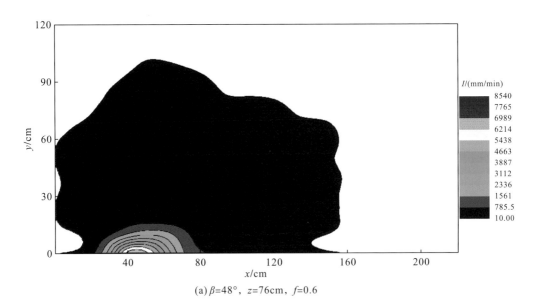

(a) β=48°，z=76cm，f=0.6

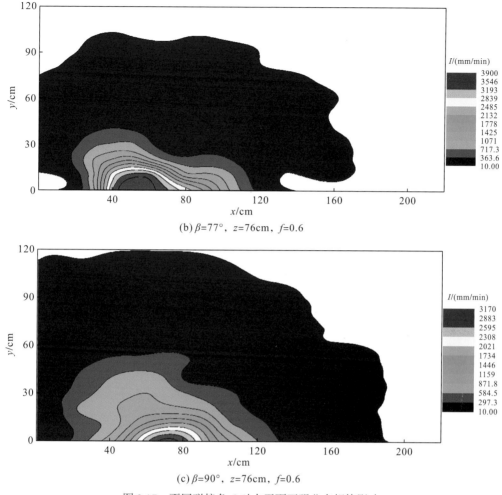

(b) $\beta=77°$，$z=76\text{cm}$，$f=0.6$

(c) $\beta=90°$，$z=76\text{cm}$，$f=0.6$

图 3.17　不同碰撞角 β 对水平面雨强分布规律影响

（2）随着碰撞角的增大，射流空中碰撞扩散范围在横向和纵向均增大。当 $\beta=48°$ 时，纵向扩散范围 $0\text{cm}\leqslant x\leqslant150\text{cm}$，横向扩散范围 $0\text{cm}\leqslant y\leqslant95\text{cm}$；当 $\beta=77°$ 时，纵向扩散范围 $0\text{cm}\leqslant x\leqslant170\text{cm}$，横向扩散范围 $0\text{cm}\leqslant y\leqslant100\text{cm}$；当 $\beta=90°$ 时，纵向扩散范围，$0\text{cm}\leqslant x\leqslant190\text{cm}$，横向扩散范围 $0\text{cm}\leqslant y\leqslant120\text{cm}$。

（3）扩散面积随着碰撞角 β 增大而增大。

3.3.2　碰撞角对射流空中碰撞分布特征值的影响

图 3.18 为不同碰撞角 β 对水平面雨强分布特征值的影响，图 3.18(a)～图 3.18(c) 碰撞角 β 依次为 48°、77°、90°，除碰撞角不同外，其余试验条件均相同，根据图 3.18 可得以下几点。

（1）随碰撞角 β 增大，$L_{\max}$ 增大，当碰撞角 $\beta=48°$ 时，$L_{\max}=48\text{cm}$；当碰撞角 $\beta=77°$ 时，$L_{\max}=62\text{cm}$；当碰撞角 $\beta=90°$ 时，$L_{\max}=79\text{cm}$。

（2）雨强最大值 I_{max} 随着碰撞角 β 增大而减小，当碰撞角 $\beta=48°$ 时，$I_{max}=8540\text{mm/min}$；碰撞角 $\beta=77°$ 时，$I_{max}=3900\text{mm/min}$；当碰撞角 $\beta=90°$ 时，$I_{max}=3170\text{mm/min}$。

（3）随着碰撞角 β 增大，L_y 值增大，当碰撞角 $\beta=48°$ 时，$L_y=18\text{cm}$；当碰撞角 $\beta=77°$ 时，$L_y=33\text{cm}$；当碰撞角 $\beta=90°$ 时，$L_y=76\text{cm}$。

（4）L_n 随碰撞角变化不大，当碰撞角 $\beta=48°$ 时，$L_n=19\text{cm}$；当碰撞角 $\beta=77°$ 时，$L_n=17\text{cm}$；当碰撞角 $\beta=90°$ 时，$L_n=17\text{cm}$。

（5）L_r 随碰撞角增大而增大，当碰撞角 $\beta=48°$ 时，$L_r=58\text{cm}$；当碰撞角 $\beta=77°$ 时，$L_r=74\text{cm}$；当碰撞角 $\beta=90°$ 时，$L_r=123\text{cm}$。

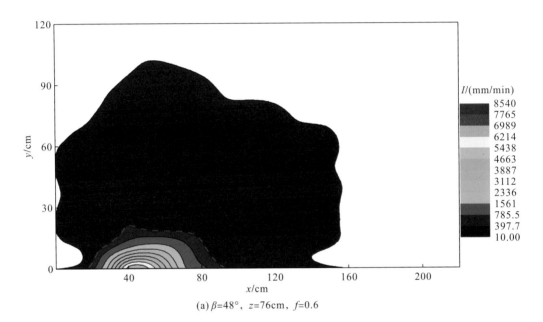

(a) $\beta=48°$，$z=76\text{cm}$，$f=0.6$

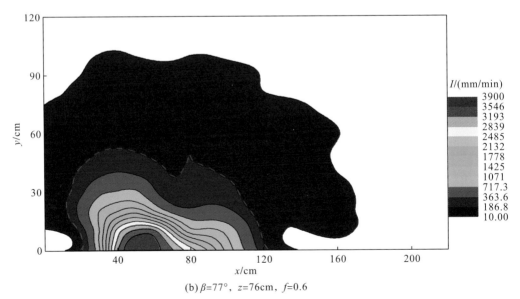

(b) $\beta=77°$，$z=76\text{cm}$，$f=0.6$

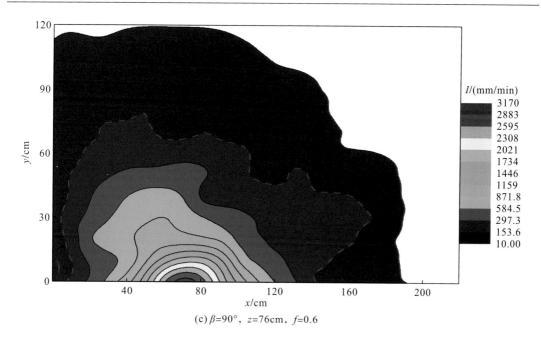

(c) $\beta=90°$, $z=76\text{cm}$, $f=0.6$

图 3.18   不同碰撞角 β 对水平面雨强分布特征值的影响

图 3.19 为不同试验工况下 L_{max} 随碰撞角 β 的变化规律。图 3.19(a)~图 3.19(f)流量比分别为 0.3、0.6、0.9、1.3、2.5、3.2。L_{max} 均随碰撞角 β 增大而增大，分析原因主要是深孔挑角越大，碰撞角越大，而深孔挑角越大，深孔的挑射距离就更远，这就造成相同流量比下，碰撞角越大，L_{max} 越大。图 3.19(a)中，$z=36\text{cm}$ 的工况的变化规律明显与其他组次差别很大，主要是由系统误差造成的。

图 3.20 为最大雨强 I_{max} 随碰撞角 β 的变化规律，由图可知，在其余试验条件保持不变的情况下，I_{max} 均随碰撞角 β 的增大而减小，这说明碰撞角度越大，越能够使水舌分散开，这与前人研究碰撞消能时得到的结论是一致的，他们认为碰撞角越大，越能够使水舌分散开来，消能效果越好。

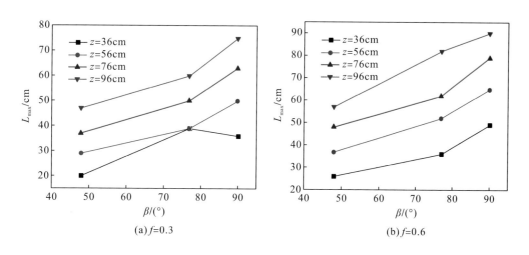

(a) $f=0.3$ (b) $f=0.6$

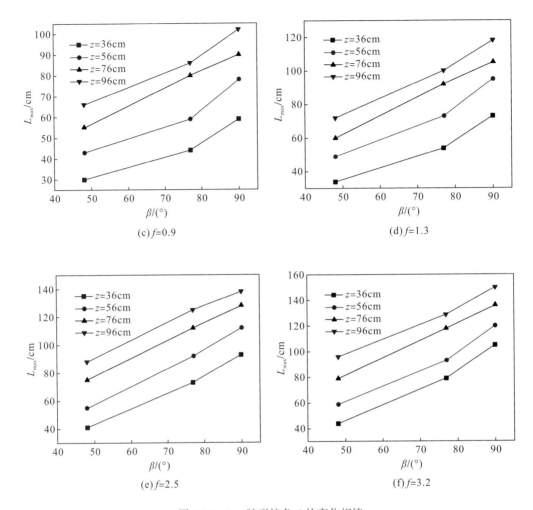

图 3.19　L_{max} 随碰撞角 β 的变化规律

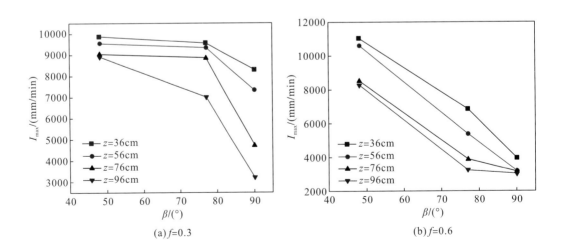

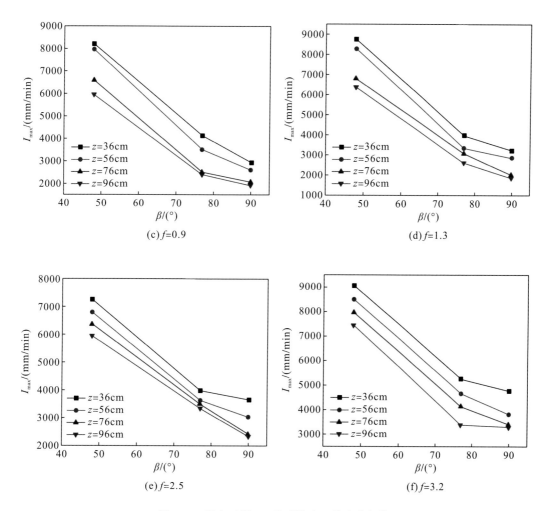

图 3.20　最大雨强 I_{max} 随碰撞角 β 的变化规律

通过前文对 I_{max} 的研究，发现总流量 Q_t、流量比 f 和碰撞角 β 均对其有较大影响，根据大量试验数据分析的规律，拟合出了最大雨量的公式(3.1)，通过公式(3.2)将雨量转换成雨强，就可得到各工况下雨强的最大值。

$$\frac{q_{max}}{Q_t} = \left(0.45f^2 - 1.7f + \frac{5.5\sin\beta}{0.25 \times \tan\dfrac{\beta}{2}} \right) \times 10^{-3} \tag{3.1}$$

$$I_{max} = \frac{60 \times q_{max} \times 10^3}{A} \tag{3.2}$$

式中，q_{max} 为单位时间接收到的最大雨量，mL/s；Q_t 为表孔流量与深孔流量之和，mL/s；f 为流量比，量纲一；β 为碰撞角，(°)；$A = \pi D^2 / 4$，是雨量筒的有效接水面积，mm^2。

图 3.21 为拟合公式与试验值的对比，拟合公式与试验值误差较小，基本在 5% 以内。

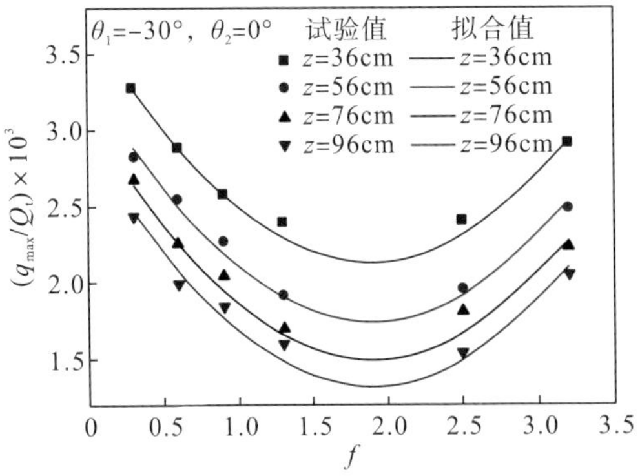

(a) β=48°

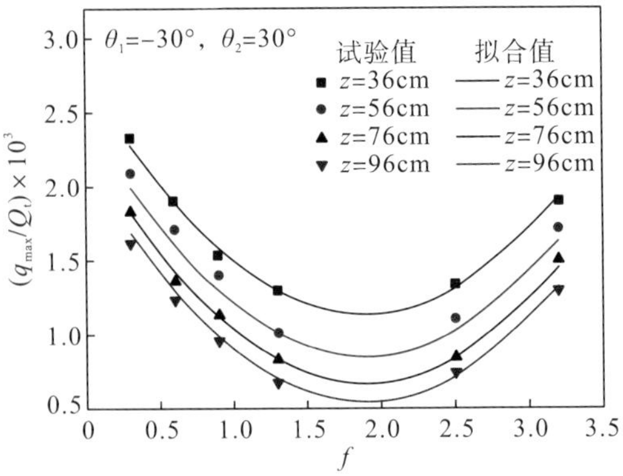

(b) β=77°

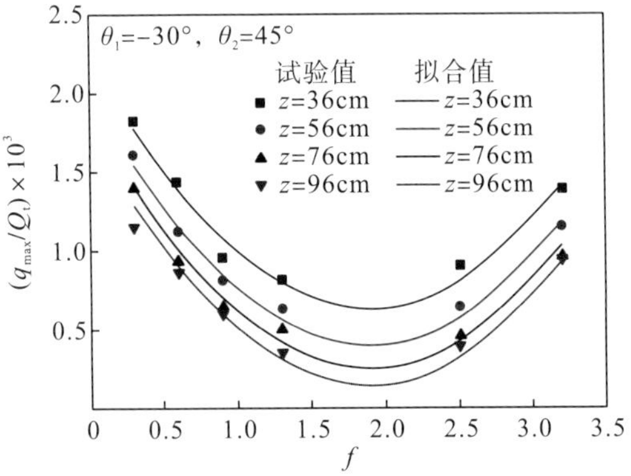

(c) β=90°

图 3.21 试验值与拟合值比较

图 3.22 为 L_n 随碰撞角 β 的变化规律，由图 3.22(a)～图 3.22(c)可知在流量比小于 1 时，L_n 值基本不随碰撞角 β 变化而发生较大变化，基本保持稳定。在流量比大于 1 时，L_n 随碰撞角 β 增大，先增大而后微弱减小。

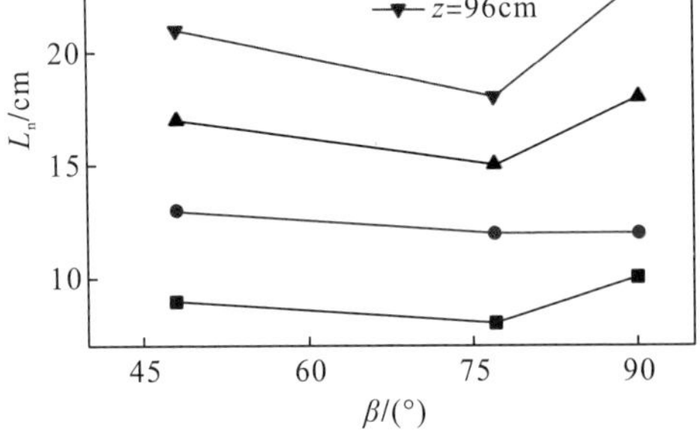

(a) f=0.3

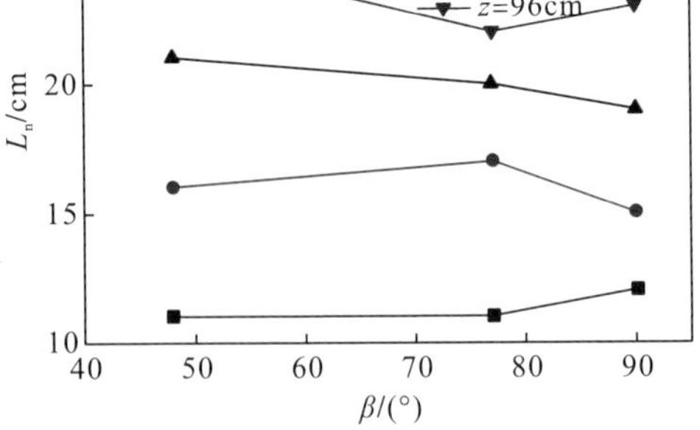

(b) f=0.6

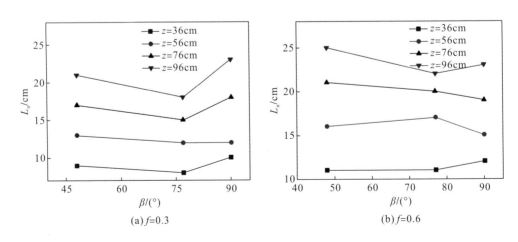

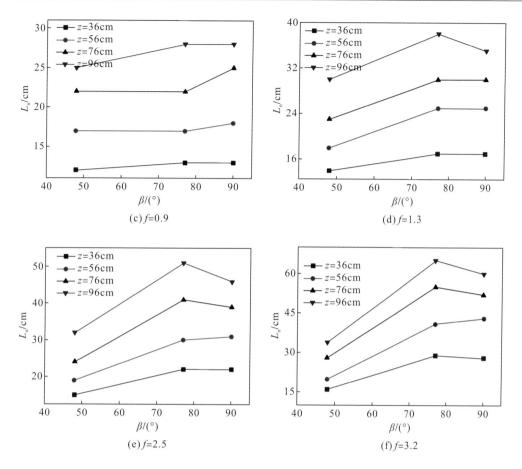

图 3.22 L_n 随碰撞角 β 的变化规律

图 3.23 为 L_f 随碰撞角 β 的变化规律，可以看出，L_f 均随 β 的增大而增大，只是在流量比较大时个别工况会出现先增大而后略微减小，但是这种减小趋势基本可以忽略不计，分析原因是边界值约定为最大雨强的 5%，而最大雨强随断面高度的增加而减小，从而边界值范围也会相应减小。

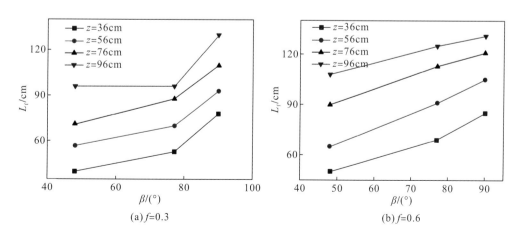

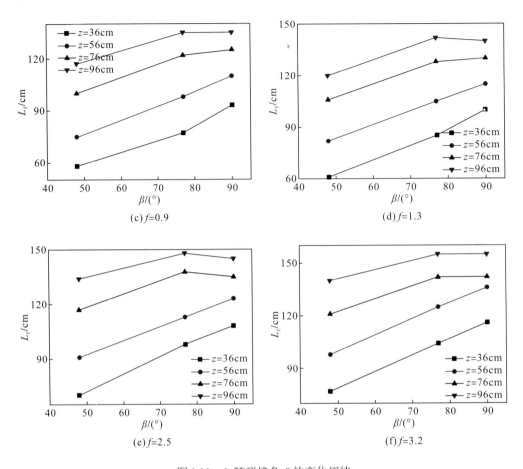

图 3.23　L_f 随碰撞角 β 的变化规律

　　图 3.24 为碰撞角 β 对纵向入水范围 L_r 的影响。由图可得，其他试验条件相同情况下碰撞角 β 越大 L_r 也就越大，即 L_r 随碰撞角 β 单调增，且 L_r 随碰撞角 β 增大，增长幅度也较大。

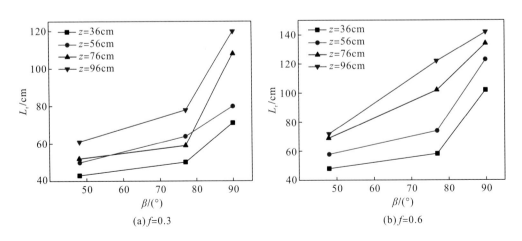

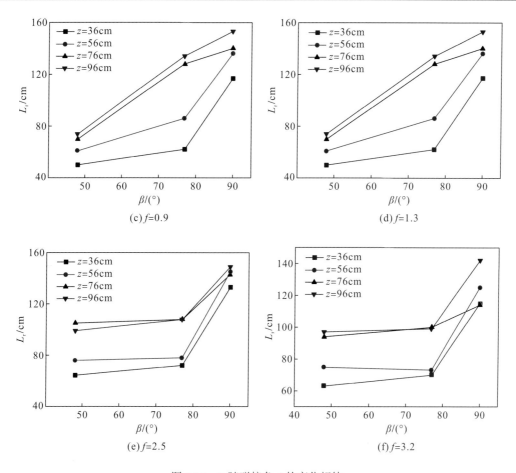

图 3.24　L_r 随碰撞角 β 的变化规律

图 3.25 为碰撞角 β 对 L_y 的影响。通过图 3.25 可得，所有试验工况下，L_y 的值随碰撞角 β 增大而增大，说明碰撞角越大，横向边界范围越大，分析原因是碰撞角增大使两股水的碰撞更为激烈，造成碰后水舌更分散，故横向扩散范围增大。在图 3.25(a)中，$z = 96cm$ 时出现了先减小后增大的结果，是试验误差造成的，可以忽略。

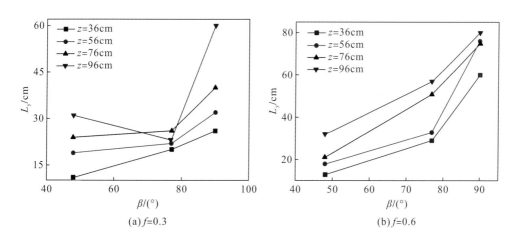

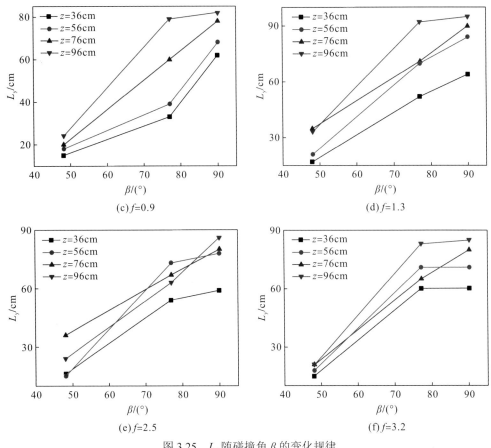

(c) $f=0.9$ (d) $f=1.3$

(e) $f=2.5$ (f) $f=3.2$

图 3.25 L_y 随碰撞角 β 的变化规律

3.3.3   碰撞角对射流空中碰撞雨强纵向分布规律的影响

图 3.26 为不同碰撞角 β 下,纵向轴线上雨强值的分布规律。图 3.26(a)~图 3.26(c)分别对应碰撞角为 48°、77°、90°,其他试验条件相同($f=1.3$,$z=76\text{cm}$),从图中可以看出:①雨强分布均符合高斯分布;②随着碰撞角的增大,高斯分布形状越扁平,即标

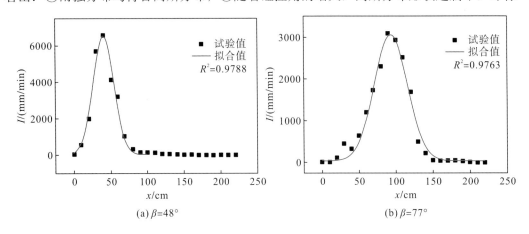

(a) $\beta=48°$ (b) $\beta=77°$

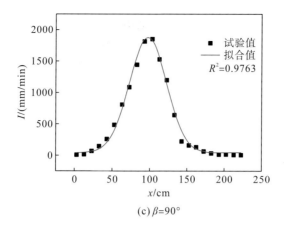

(c) $\beta=90°$

图 3.26　不同碰撞角 β 下纵向轴线上雨强值的分布规律

准差的值随碰撞角增大而增大，$\beta=48°$ 时，标准差为 14.17；$\beta=77°$ 时，标准差为 22.37；$\beta=90°$ 时，标准差为 24.82，分析原因主要是碰撞角增大，水股扩散更为剧烈，导致分布更均衡；③高斯分布的雨强最大值随碰撞角增大而减小，这一规律已在上一节予以证明。

通过分析得到射流空中碰撞纵向轴线上的雨强分布呈高斯分布，且受流量比 f 和碰撞角 β 影响较大，基于试验结果的归纳与分析，通过拟合得出纵向轴线上雨强计算公式：

$$I = I_{max} \times e^{\left[-a \times \left(\frac{x - x_{max}}{z} \right)^2 \right]} \tag{3.3}$$

$$a = 10e^{(-1.8 \times f)} + 20.5 - 20\tan\frac{\beta}{2} \tag{3.4}$$

式中，I 表示雨强，mm/min；I_{max} 表示各工况下测得的最大雨强，mm/min；f 表示流量比；β 为碰撞角，(°)。

图 3.27 中高斯分布曲线为公式(3.3)所得，与试验值吻合良好。

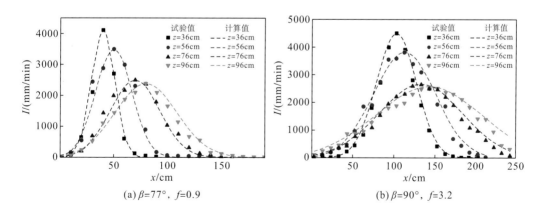

(a) $\beta=77°$, $f=0.9$　　　　　　　(b) $\beta=90°$, $f=3.2$

图 3.27　沿纵向轴线上雨强分布试验值与计算值比较

图 3.28 为不同碰撞角 β 下，雨强最大值所在横断面雨强分布规律，因布置试验时考虑到轴对称只测了横向的一半，为方便观察和研究横向雨强变化规律，图 3.28 中将另一

半进行了补充。图 3.28(a)～图 3.28(c)分别对应碰撞角为 48°、77°、90°，其他试验条件相同($f = 0.9$，$z = 76$cm)，从图中可以看出：①雨强分布符合高斯分布。②随碰撞角 β 增大，高斯分布曲线更扁平，即标准差越大。当 $\beta = 48°$时，标准差= 7.71；当 $\beta = 77°$时，标准差= 11.16；当 $\beta = 90°$时，标准差 = 14.77。③随碰撞角 β 增大，雨强最大值减小且分布更均匀，说明碰撞角对分散水舌作用较大。

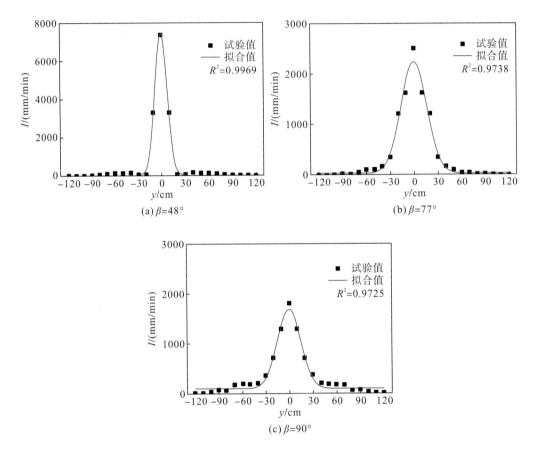

图 3.28　雨强最大值所在横断面雨强的分布规律

3.4　小　　结

本章通过试验对空间雨强分布特性进行一系列研究，包括不同碰撞角、流量比对碰撞后散裂形式、分布特征值以及径向分布规律的影响，主要结论如下。

(1)射流空中碰撞后雨强在水平面上的分布呈蘑菇云状，以雨强最大值为中心点向四周扩散，碰后水舌横向和纵向扩散范围随空间距离增大而增大。同一水平面上，纵向上雨强沿程先增大后减小，横向上雨强沿程减小，且横向和纵向雨强分布均符合高斯分布。

　　(2)对雨强分布特征点进行了深入研究，得到了最近、最远纵向边界值，横向边界值、纵向扩散范围以及最大雨强值随碰撞角和流量比的变化规律，基于试验结果，提出了一种计算最大雨强的公式，计算公式与试验结果吻合良好。

　　(3)研究了雨强径向分布规律，发现雨强在横向和纵向上均符合高斯分布，通过试验结果，分析了碰撞角、流量比对雨强径向分布的影响，提出了一种计算纵向轴线上雨强分布的方法。

第4章 射流空中碰撞散裂轨迹线

本章通过理论分析与试验数据相结合的方法，研究碰撞角 β 和流量比 f 对射流空中碰撞后水舌运动特性的影响。以期获得碰撞散裂水舌在竖直平面内、外缘线轨迹的理论计算公式。

4.1 射流空中碰撞轨迹线研究

目前关于射流空中碰撞轨迹线的研究大部分是粗略估计，因为水电站存在单独表孔泄洪和深孔泄洪的时候。目前基本认为碰撞后内缘线轨迹与表孔水舌抛物线一致，外缘线轨迹与深孔水舌抛物线一致。图 4.1 为两射流空中碰撞散裂的内外缘轨迹线以及横向扩散范围示意图。从图 4.1(a)可看出两射流碰撞后改变了表孔与深孔原运动轨迹，碰撞后内外缘轨迹线与碰撞前的表、深孔轨迹线有较大的区别，水舌运动轨迹的变化对入水范围、空中水舌形态均有较大的影响，通过试验掌握碰撞散裂轨迹线有极大的工程意义。

图 4.2 为射流碰撞散裂后竖直平面上的内缘线轨迹。图 4.2(a)、(b)为两种不同工况。从图 4.2 可以看出以碰撞点为原点，试验所测得各个断面内缘边界值均在一条拟合曲线上，且曲线形式为抛物线。说明碰撞后内缘线为从碰撞点处以一定速度和角度射出的抛物线，不同工况下出射速度和角度不同。

图 4.3 为射流碰撞散裂后竖直平面上的外缘线轨迹。图 4.3(a)、(b)为两种不同工况。将碰撞后各个断面测得外缘线边界值与原点值连接后，可看出外缘边界值均在一条抛物线上。说明外缘线同样是从碰撞点射出的抛物线，且不同工况下出射速度和角度不同。

(a) 水舌内缘、外缘轨迹线

(b) 水舌横向扩散范围

图 4.1   射流碰撞散裂轨迹线示意图

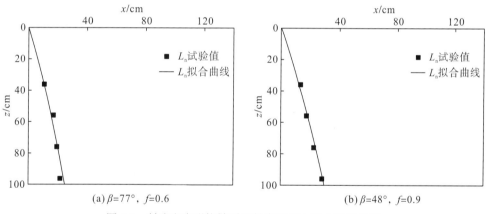

图 4.2   射流空中碰撞散裂后竖直平面上的内缘线轨迹

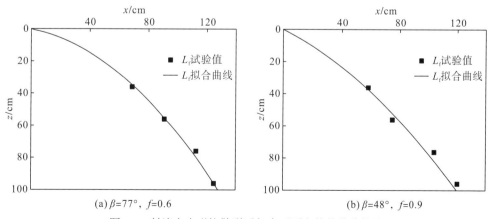

图 4.3   射流空中碰撞散裂后竖直平面上的外缘线轨迹

通过试验发现最大雨强值在竖直平面轨迹线与内外缘轨迹线同样为抛物线。图 4.4(a)、(b) 为两不同工况下雨强最大值的轨迹。说明无论是内外缘线还是各断面最大值所处轨迹线均为抛物线，且不同工况抛物线出射速度与角度不同。

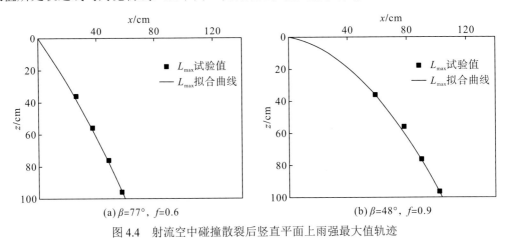

(a) $\beta=77°$，$f=0.6$ (b) $\beta=48°$，$f=0.9$

图 4.4　射流空中碰撞散裂后竖直平面上雨强最大值轨迹

4.2　流量比和碰撞角对轨迹线的影响

4.2.1　流量比对轨迹线的影响

1. 流量比对内缘轨迹线的影响

图 4.5 为内缘线轨迹图，图 4.5(a)～图 4.5(c) 是碰撞角 β 分别为 48°、77°、90°时，流量比 f 对内缘轨迹线的影响，各轨迹点间用曲线连接。可以看出：①将各个断面测得的 L_n（图中的点）与原点（碰撞点）样本曲线连接后均基本处于一条样本曲线上，且曲线形状与抛物线类似；②随流量比 f 增大，曲线在原点处切线与垂向夹角增大，与纵向夹角减小；③在流量比 f 较小时，各曲线原点处切线与垂向夹角和纵向夹角变幅不大，在 $\beta=90°$ 时，流量比 $f=0.3$ 与 $f=0.6$ 的曲线基本重合。但当流量比 f 较大时，曲线原点处切线与垂向和纵向夹角变幅增大。

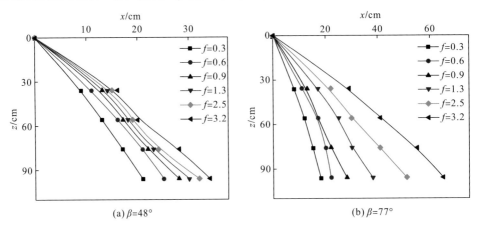

(a) $\beta=48°$ (b) $\beta=77°$

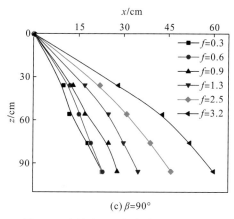

(c) $\beta = 90°$

图 4.5　流量比 f 对内缘线轨迹的影响

2. 流量比对外缘轨迹线的影响

图 4.6 为外缘线轨迹图，图 4.6(a)～图 4.6(c) 分别为碰撞角 β 等于 48°、77°、90°时流量比 f 对外缘轨迹线的影响。可以看出：①将各个断面测得 L_f(图中的点) 与原点(碰撞点)样本曲线连接后均基本处于一条样本曲线上，且曲线形状与抛物线类似；②随流量比

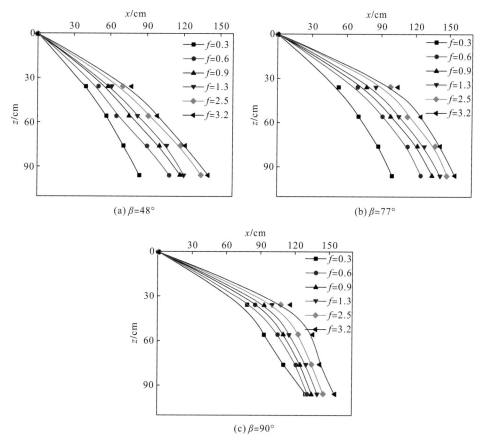

图 4.6　流量比 f 对外缘线轨迹的影响

f 增大，曲线在原点处切线与垂向夹角增大，与纵向夹角减小；③在流量比 f 较小时，各曲线原点处切线与垂向夹角和纵向夹角变幅相对较大；当流量比 f 较大时，曲线原点处切线与垂向和纵向夹角变幅相对较小。

3. 流量比对雨强最大值轨迹线的影响

图 4.7 为雨强最大值轨迹图，图 4.7(a)～图 4.7(c)分别为碰撞角 β 等于 48°、77°、90°时，流量比 f 对雨强最大值轨迹线的影响。可以看出：①将各个断面测得的 L_{max}（图中的点）与原点（碰撞点）样本曲线连接后均基本处于一条样本曲线上，且曲线形状与抛物线类似；②随流量比 f 增大，曲线在原点处切线与垂向夹角增大，与纵向夹角减小。

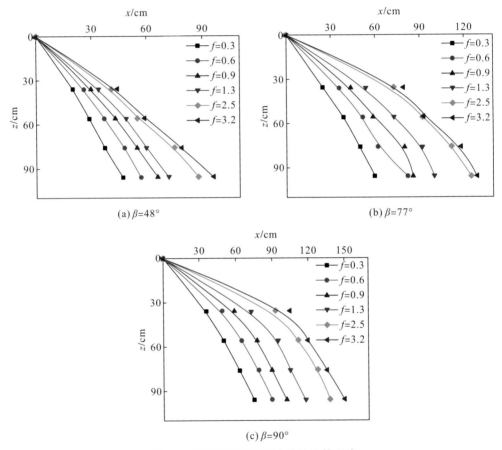

图 4.7 流量比对雨强最大值轨迹的影响

4.2.2 碰撞角对轨迹线的影响

1. 碰撞角对内缘轨迹线的影响

图 4.8 为内缘轨迹线图，图 4.8(a)～图 4.8(f)分别为流量比 f 等于 0.3、0.6、0.9、1.3、2.5、3.2 时，碰撞角 β 对内缘轨迹线的影响，各轨迹点间用曲线连接。由图可得：

①试验各点与原点(碰撞点)通过样本曲线连接后基本处于一条曲线上,且曲线的形状与抛物线类似。②当 $f < 1$ 时,曲线与垂向和纵向的夹角随碰撞角 β 增大,基本保持不变。当 $f > 1$ 时,曲线随碰撞角 β 增大,垂向夹角增大,纵向夹角减小,但当碰撞角 β 增大到 77°后,曲线与垂向和纵向夹角基本保持不变。

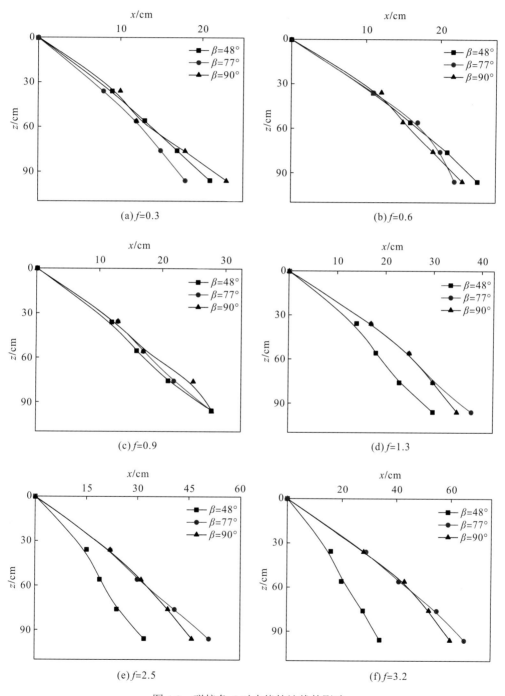

图 4.8　碰撞角 β 对内缘轨迹线的影响

2. 碰撞角对外缘轨迹线的影响

图 4.9 为外缘轨迹线图，图 4.9(a)～图 4.9(f)分别为流量比 f 等于 0.3、0.6、0.9、1.3、2.5、3.2 时，碰撞角 β 对外缘轨迹线的影响。由图可得：①试验各点与原点(碰撞点)通过样本曲线连接后基本处于一条曲线上，且曲线的形状类似抛物线状；②随碰撞角 β 增大，垂向夹角逐渐增大，纵向的夹角逐渐减小；③当流量比 f 增大到 1.3 以后，外缘轨迹线与垂向以及纵向夹角在碰撞角 β 较小时，即 $\beta < 77°$ 时，变化比较明显，但当碰撞角 $\beta > 77°$ 时，外缘轨迹线与垂向以及纵向夹角基本保持不变。

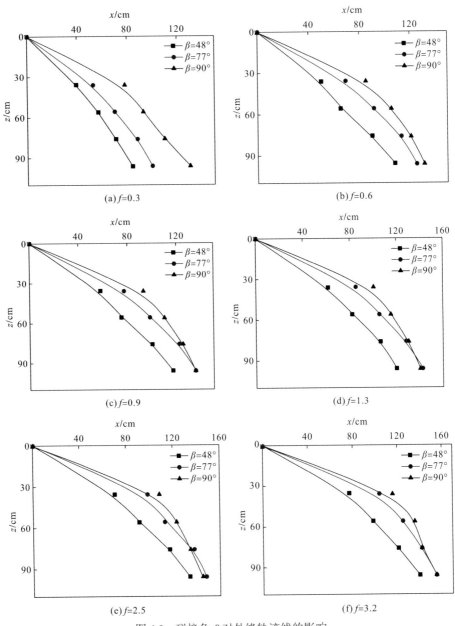

图 4.9　碰撞角 β 对外缘轨迹线的影响

3. 碰撞角对雨强最大值轨迹线的影响

图 4.10 为雨强最大值轨迹图，图 4.10(a)～图 4.10(f)分别为流量比 f 等于 0.3、0.6、0.9、1.3、2.5、3.2 时，碰撞角 β 对雨强最大值轨迹线的影响。由图可得：①试验各点与原点(碰撞点)通过样本曲线连接后基本处于一条曲线上，且曲线的形状类似抛物线状；②随碰撞角 β 增大，雨强最大值轨迹线与垂向夹角逐渐变大，与纵向夹角逐渐变小。

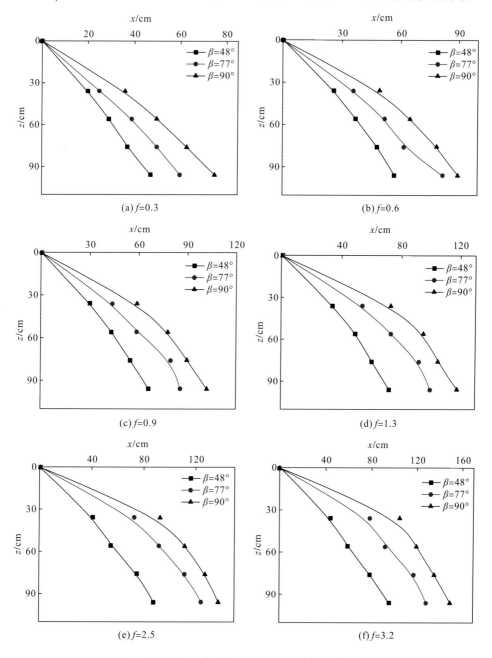

图 4.10　碰撞角 β 对雨强最大值轨迹的影响

4.3 射流空中碰撞散裂轨迹线理论分析

图 4.11 为表、深孔水舌空中碰撞示意图，基于前人对上下两股水舌的碰撞的研究，认为表孔与深孔水舌在空中发生碰撞的一瞬间，合成一股水舌并且沿着某一方向射出。

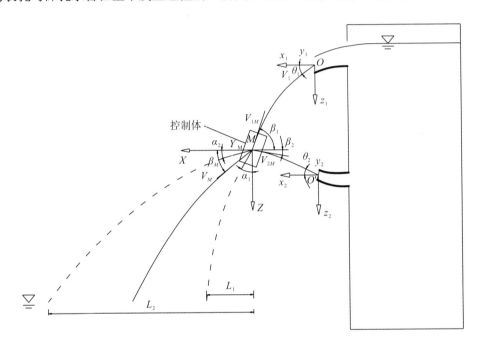

图 4.11　表、深孔水舌空中碰撞示意图

注：表孔水舌的出坎流速为 V_1(m/s)，表孔俯角为 θ_1(°)，深孔挑角为 θ_2(°)。两股水舌在 M 点交汇，在汇合处表孔水舌的流速为 V_{1M}(m/s)，与纵向的夹角为 β_1(°)，深孔水舌的流速为 V_{2M}(m/s)，与纵向的夹角为 β_2(°)。碰撞后混合水舌的流速为 V_M(m/s)，与纵向夹角为 β_M(°)，碰撞散裂轨迹线与垂向(z 轴)夹角为 α_1(°)，碰撞散裂轨迹线与纵向(x 轴)夹角为 α_2(°)。

如图 4.11 所示，x_1Oz_1 与 $x_2O'z_2$ 坐标系之间的转换关系为

$$x_1 = x_2 + \Delta x_0, \qquad z_1 = z_2 + \Delta z_0 \tag{4.1}$$

利用抛射体原理，表孔水舌的轨迹方程为

$$\frac{\mathrm{d}z_1}{\mathrm{d}t} = gt + V_1\sin\theta_1, \qquad \frac{\mathrm{d}x_1}{\mathrm{d}t} = V_1\cos\theta_1 \tag{4.2}$$

对上式进行积分，可得

$$z_1 = \frac{g}{2V_1^2\cos^2\theta_1}x_1^2 + x_1\mathrm{tg}\theta_1 = A_1x_1^2 + x_1\mathrm{tg}\theta_1 \tag{4.3}$$

式中，g 为重力加速度，m/s^2；$A_1 = g/2V_1^2\cos^2\theta_1$。

同理，对于深孔水舌有

$$\frac{dz_2}{dt} = gt - V_2 \sin\theta_2, \qquad \frac{dx_2}{dt} = V_2 \cos\theta_2 \tag{4.4}$$

积分后，有

$$z_2 = \frac{g}{2V_2^2 \cos^2\theta_2} x_2^2 - x_2 \mathrm{tg}\,\theta_2 = A_2 x_2^2 - x_2 \mathrm{tg}\,\theta_2 \tag{4.5}$$

式中，$A_2 = g / 2V_2^2 \cos^2\theta_2$。

当两股水舌在 M 点相汇后，坐标关系为

$$x_{1M} = x_{2M} + \Delta x_0, \qquad z_{1M} = z_{2M} + \Delta z_0 \tag{4.6}$$

其中，Δx_0 和 Δz_0 为两坐标系原点之间的坐标差，在图 4.11 中，$\Delta x_0 = 0$，$\Delta z_0 = z_1 - z_2$；z_1 为 $x_1 O z_1$ 的原点高程 $[z_1 = z_{1b} + (h_1 / 2\cos\theta_1)]$，$z_2$ 为 $x_2 O' z_2$ 的原点高程 $[z_2 = z_{2b} + (h_2 / 2\cos\theta_2)]$，$z_{1b}$ 和 z_{2b} 分别表示表孔及深孔出坎的高程，h_1 和 h_2 为相应水舌的出坎水深。

联解式 (4.3)、式 (4.5) 和式 (4.6)，可得 M 点的坐标为

$$z_{1M} = A_1 (x_{2M} + \Delta x_0)^2 + (x_{2M} + \Delta x_0)\mathrm{tg}\,\theta_1 = z_{2M} + \Delta z_0 = A_2 x_{2M}^2 - x_{2M}\mathrm{tg}\,\theta_1 + \Delta z_0 \tag{4.7}$$

解式 (4.7)，有

$$x_{2M} = \frac{-B + \sqrt{B^2 + 4AC}}{2A} \tag{4.8}$$

式中，$A = A_1 - A_2$；$B = 2A_1 \Delta x_0 + \mathrm{tg}\,\theta_1 + \mathrm{tg}\,\theta_2$；$C = \Delta z_0 - A_1 \Delta x_0^2 - \Delta x_O \mathrm{tg}\,\theta_1$。

x_{2M} 解出后，x_{1M}、z_{1M}、z_{2M} 就不难获得。在 M 点处，上、下水舌与纵向夹角分别为

$$\tan\beta_1 = \left(\frac{dz_1}{dx_1}\right)_M = 2A_1 x_{1M} + \mathrm{tg}\,\theta_1 \tag{4.9}$$

$$\tan\beta_2 = -\left(\frac{dz_2}{dx_2}\right)_M = -2A_2 x_{2M} + \mathrm{tg}\,\theta_2 \tag{4.10}$$

根据上、下水舌出坎断面与点 M 之间（碰撞前）的能量守恒，可得 V_{1M} 和 V_{2M}。即

$$V_{1M} = \varphi_a \sqrt{2g\left(z_{1M} + \frac{V_1^2}{2g}\right)} \tag{4.11}$$

$$V_{2M} = \varphi_a \sqrt{2g\left(z_{2M} + \frac{V_2^2}{2g}\right)} \tag{4.12}$$

式中，φ_a 为考虑空气阻力的流速系数，$\varphi_a \approx 0.9 \sim 1.0$，水股厚流速低时应取最大值，水股薄流速高时应取最小值，初估时可取 $\varphi_a = 0.95$。

围绕 M 点取如图 4.11 所示的控制体，根据上、下水舌出坎断面与点 M 之间（碰撞前）的能量守恒。

$$\frac{\partial}{\partial t}\iiint_M \rho V d\nabla + \oint_M \rho V(V \cdot ds) = \sum F \tag{4.13}$$

$$\frac{\partial}{\partial t}\iiint_M \rho d\nabla + \oint_M \rho(V \cdot ds) = 0 \tag{4.14}$$

式中，ρ 为水体的密度，$\mathrm{kg/m}^3$；F 为作用于控制体内包括控制面板上的外力，N。

如果忽略控制体内水体的质量以及空气的阻力，在恒定流条件下，式(4.13)和式(4.14)沿 x 和 y 方向的投影方程为

$$V_M q_M \cos \beta_M = V_{1M} q_1 \cos \beta_1 + V_{2M} q_2 \cos \beta_2 \qquad [4.15(a)]$$

$$V_M q_M \sin \beta_M = V_{1M} q_1 \sin \beta_1 - V_{2M} q_2 \sin \beta_2 \qquad [4.15(b)]$$

$$q_M = V_M h_M = q_1 + q_2 \qquad [4.15(c)]$$

式中，h_M 为混合水舌在 M 点处的厚度，m；q_M 为混合水舌在 M 点的单宽流量，m^2/s。求解方程组(4.15)，可得

$$\tan \beta_M = \frac{V_{1M} q_1 \sin \beta_1 - V_{2M} q_2 \sin \beta_2}{V_{1M} q_1 \cos \beta_1 + V_{2M} q_2 \cos \beta_2} \qquad (4.16)$$

$$V_M = \frac{V_{1M} q_1 \cos \beta_1 + V_{2M} q_2 \cos \beta_2}{q_M \cos \beta_M} \qquad (4.17)$$

$$h_M = \frac{q_1 + q_2}{V_M} \qquad (4.18)$$

碰撞前 q_1、q_2 距离初始水位的位置是一样的，所以假设 $V_{1M} = V_{2M}$。则式(4.16)、式(4.17)为

$$\tan \beta_M = \frac{q_1 \sin \beta_1 - q_2 \sin \beta_2}{q_1 \cos \beta_1 + q_2 \cos \beta_2} \qquad (4.19)$$

$$V_M = \frac{V_{1M}(q_1 \cos \beta_1 + q_2 \cos \beta_2)}{q_M \cos \beta_M} \qquad (4.20)$$

除此之外，求解式(4.19)和式(4.20)还需得到碰撞前的 V_{1M}、β_1、β_2。为得到 V_{1M}、β_1、β_2 必须知道表、深孔水舌的抛物线轨迹。通过求得表孔内缘线、深孔外缘线轨迹便可得到碰撞点 M 的空间位置，通过 M 点位置的确定，便可以算出 V_{1M}、β_1、β_2。因为碰撞前水舌运动距离较短，求解表、深孔抛物线轨迹直接采用以下抛射体方程：

$$z(x) = z_0 + \tan \alpha x - \frac{g x^2}{2 V_0^2 \cos^2 \alpha} \qquad (4.21)$$

式中，α 表示抛射角度，(°)；V_0 表示抛射出来的速度，m/s。对于水舌下缘线 $z_0 = 0$，对于水舌上缘线 $z_0 = h_0$。

求得 β_1、β_2、碰撞点 M 的空间位置后便可以解出式(4.11)，将所得值代入式(4.19)和式(4.20)便得到 V_M、β_M 的值。

4.3.1　理论分析求得雨强最大值轨迹线

通过理论分析得到 V_M、β_M 的值后，基于上述理论推导中的假设，以及前面几节对碰撞后轨迹线的研究，由此表明雨强测量平台测得的空间上每个断面的最大值应处于碰撞后水舌合成一体后，以碰撞点 M 位置为坐标原点，速度大小为 V_M、角度大小为 β_M 形成的抛物线轨迹上，表 4.1 为各工况下求得的碰撞后出射速度与角度。

表 4.1　理论分析求得的各工况下碰撞后水流出射速度和角度

$\beta/(°)$	f	$V_M/(\text{m/s})$	$\beta_M/(°)$
48	0.3	4.595	59.5
48	0.6	4.494	52.4
48	0.9	4.401	47.3
48	1.3	4.409	42.1
48	2.5	4.406	35.4
48	3.2	4.451	32.7
77	0.3	3.491	49.7
77	0.6	3.272	37.7
77	0.9	3.143	28.7
77	1.3	3.163	19.6
77	2.5	3.238	8.0
77	3.2	3.334	3.6
90	0.3	3.059	35.3
90	0.6	2.776	21.0
90	0.9	2.630	9.8
90	1.3	2.657	−1.7
90	2.5	2.776	−15.8
90	3.2	2.898	−21.0

　　图 4.12 为试验所得各个断面最大雨强值位置与计算值的对比。图 4.12 中抛物线为计算值，即用抛射体式(4.21)求得的抛物线，碰撞点 M 位置为起始坐标点，出射速度大小为 V_M、出射角度为 β_M。从图中可得雨强最大值点基本处于理论分析求得的抛物线上，误差基本在 5%以内。这也就说明，基于理论推导中的假设与实际情况吻合，验证了假设的正确性，即用理论分析求解的出射速度与角度来计算雨强最大值轨迹线是合理的。

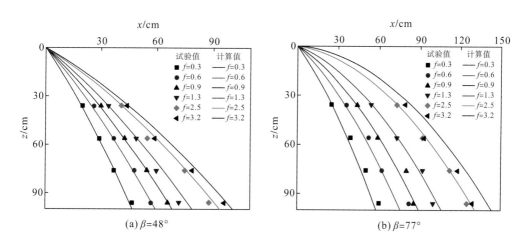

(a) $\beta=48°$　　　　　　　　　　　　　　(b) $\beta=77°$

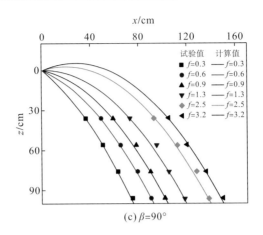

图 4.12 最大雨强点试验值与计算值的比较图

4.3.2 理论分析与试验结合的方法求水舌内缘线轨迹

Taylor(1960)假设碰撞后瞬间产生的液膜速度都是一样的，他认为能量没有地方被消耗掉。Dombrowski 和 Hooper(1964)通过试验测量了液膜中心的速度以及距离中心一定距离的表面波的速度，从而验证了 Taylor 的假设。Ryan 等(1995)用高速摄像机测量了碰撞后周围水点的速度，发现水点的平均速度与液体碰撞后的速度大致相等。

上述试验均验证了碰撞后的液体速度大小是相等的，基于上述试验的验证，引用上述试验结果，本书认为碰撞后的瞬间水舌的速度大小都相等，只是方向不同。即两水舌碰撞后合为一股水，以碰撞点 M 位置为坐标原点，速度大小为 V_M，以不同的角度做抛体运动。

通过前面的分析，已经知道射流碰撞后的水舌内缘线轨迹形状与抛物线类似，也求得了碰撞后的速度。利用抛物线轨迹在已知速度的情况下反推出初始速度与纵向和垂向的夹角。本书中设抛物线与垂向夹角为 α_1，与纵向夹角为 α_2。

图 4.13 为各工况下求得的抛物线轨迹，可看出试验点基本处在轨迹线上，误差基本处于 5%以内，说明用理论与试验相结合求得的内缘轨迹线与试验值吻合良好。

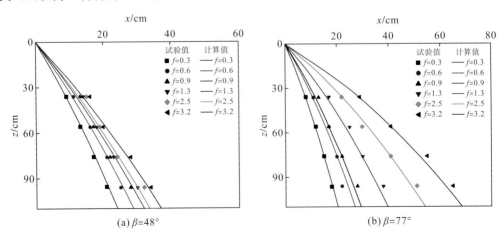

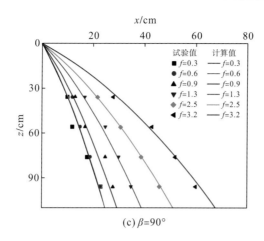

(c) $\beta=90°$

图 4.13　水舌内缘线试验值与计算值的比较图

　　表 4.2 为利用抛射体方程反推得到的各个工况下的内缘轨迹线与垂向夹角(α_1)，以及内缘轨迹线与纵向夹角(α_2)。

表 4.2　各工况求得内缘轨迹线与轴线夹角的值

$\theta_1/(°)$	$\theta_2/(°)$	$\beta/(°)$	f	$\alpha_1/(°)$	$\alpha_2/(°)$
−30	0	48	0.3	17	73
−30	0	48	0.6	18	72
−30	0	48	0.9	19	71
−30	0	48	1.3	20	70
−30	0	48	2.5	22	68
−30	0	48	3.2	23	67
−30	30	77	0.3	16	74
−30	30	77	0.6	19	71
−30	30	77	0.9	21	69
−30	30	77	1.3	26	64
−30	30	77	2.5	37	53
−30	30	77	3.2	45	45
−30	45	90	0.3	18	72
−30	45	90	0.6	20	70
−30	45	90	0.9	23	67
−30	45	90	1.3	30	60
−30	45	90	2.5	38	52
−30	45	90	3.2	48	42

　　通过前面的分析已经得到了内缘轨迹线受流量比与碰撞角的影响规律，得到内缘轨迹线受流量比与碰撞角影响较大。说明α_1与α_2的值受流量比与碰撞角影响较大，因为α_1与α_2的值具有相关性，即$\alpha_1+\alpha_2=90°$，故只分析α_1或α_2中的一个值便可以得到另一个值，本书均分析α_1的值。

图 4.14(a)、(b)分别为流量比 f、碰撞角 β 对 α_1 值的影响规律。通过图中可得：①流量比 f 不变，碰撞角 β 增大，α_1 增大；碰撞角 β 不变，流量比 f 增大，α_1 增大；②在碰撞角相同时，随着流量比的增大，α_1 值的增长曲线类似指数曲线；③在碰撞角较小的时候，随着流量比的增大 α_1 也增大，但是增长趋势较为缓慢；随碰撞角的增大，α_1 的值随流量比增大的趋势更加明显；④在流量比较小时，随碰撞角增大趋势并不明显，当流量比增大到 1 以后，随碰撞角的增大趋势明显。

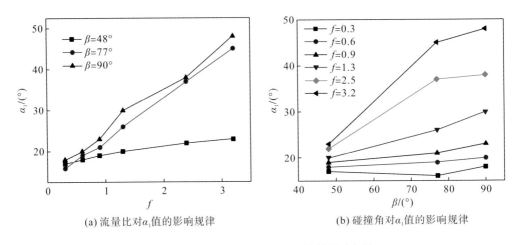

(a) 流量比对 α_1 值的影响规律　　　　(b) 碰撞角对 α_1 值的影响规律

图 4.14　流量比与碰撞角对 α_1 值的影响规律

通过图 4.14 掌握了流量比及碰撞角对 α_1 的影响规律，通过建立变量 f、β 与 α_1 的函数关系式，可得

$$\alpha_1 = 16e^{f\sin^2\beta} \tag{4.22}$$

式中，f 为流量比，范围为 0.3～3.2；β 为碰撞角，范围为 48°～90°。

图 4.15 为通过式(4.22)计算求得的 α_1 值及拟合曲线图，可以看出计算求得的 α_1 基本处在拟合曲线上，整体误差较小。

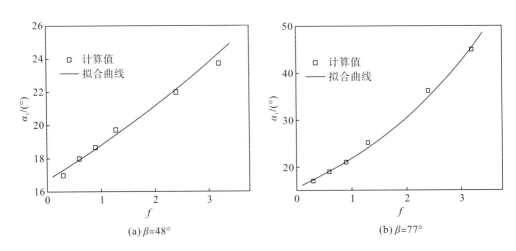

(a) $\beta=48°$　　　　(b) $\beta=77°$

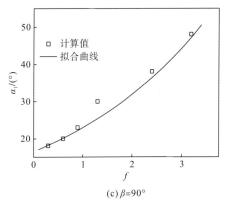

(c) $\beta = 90°$

图 4.15 a_1 的计算值及拟合曲线图

注：据式(4.22)计算。

4.3.3 理论分析与试验结合的方法求水舌外缘线轨迹

基于 4.3.2 节的假设，同样可以推算出水舌空中碰撞后的外缘轨迹线与垂向夹角α_1与纵向夹角α_2。

图 4.16 为求得的抛物线轨迹，可以看出试验所得值基本处于抛物线轨迹上，试验值与抛物线所在轨迹吻合良好，个别点有误差，但在误差范围之内。

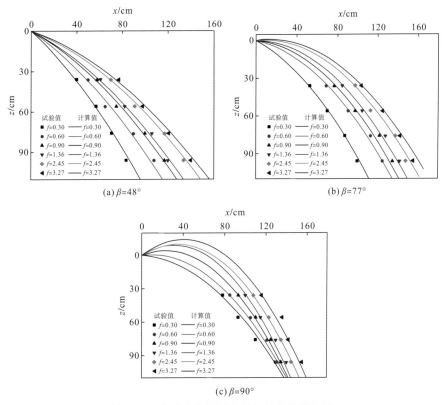

图 4.16 水舌外缘线试验值与计算值的比较

表 4.3 为利用抛射体方程反推得到的各个工况下外缘轨迹线与垂向夹角(α_1)以及外缘轨迹线与纵向夹角(α_2)。

表 4.3   各工况求得外缘轨迹线与轴线夹角的值

$\theta_1/(°)$	$\theta_2/(°)$	$\beta/(°)$	f	$\alpha_1/(°)$	$\alpha_2/(°)$
−30	0	48	0.3	52	38
−30	0	48	0.6	59	31
−30	0	48	0.9	62	28
−30	0	48	1.3	66	24
−30	0	48	2.5	70	20
−30	0	48	3.2	72	18
−30	30	77	0.3	70	20
−30	30	77	0.6	81	9
−30	30	77	0.9	87	3
−30	30	77	1.3	91	−1
−30	30	77	2.5	98	−8
−30	30	77	3.2	103	−13
−30	45	90	0.3	86	4
−30	45	90	0.6	97	−7
−30	45	90	0.9	105	−15
−30	45	90	1.3	111	−21
−30	45	90	2.5	118	−28
−30	45	90	3.2	122	−32

图 4.17(a) 和(b)分别为流量比、碰撞角对α_1值的影响规律。通过图中可得：①碰撞角 β 不变，流量比 f 增大，α_1 增大；流量比 f 不变，碰撞角 β 增大，α_1 增大；②在碰撞角相同时，随着流量比的增加，α_1 的值呈对数增大趋势，在流量比较小时，增大幅度较大，在流量比较大时，增大幅度较小；在流量比相同时，随着碰撞角的增大，α_1 增大，并且在碰撞角较小时相比于碰撞角较大时，增大速度相对较缓；流量比越大，α_1 随碰撞角增大而增大的幅度越大。

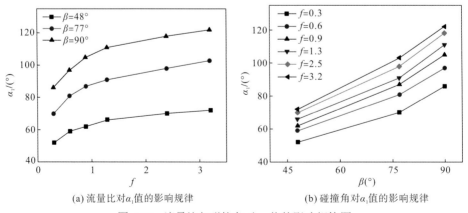

(a) 流量比对α_1值的影响规律   (b) 碰撞角对α_1值的影响规律

图 4.17   流量比与碰撞角对α_1值的影响规律图

通过图 4.17 掌握了流量比及碰撞角对 α_1 的影响规律，据此建立变量 f、β 与 α_1 的函数关系式，可得

$$\alpha_1 = 21 \times \sin\frac{\beta}{2} \times \ln f + 75.5 \times \tan\frac{\beta}{2} + 28.5 \tag{4.23}$$

式中：f 为流量比，范围为 0.3～3.2；β 为碰撞角，范围为 48°～90°。

图 4.18 为计算值与拟合曲线对比，通过图 4.18 可知，拟合的曲线与试验和理解相结合的推导值 α_1 吻合良好，对公式所得值与试验值进行误差分析，误差基本在 5% 以内。

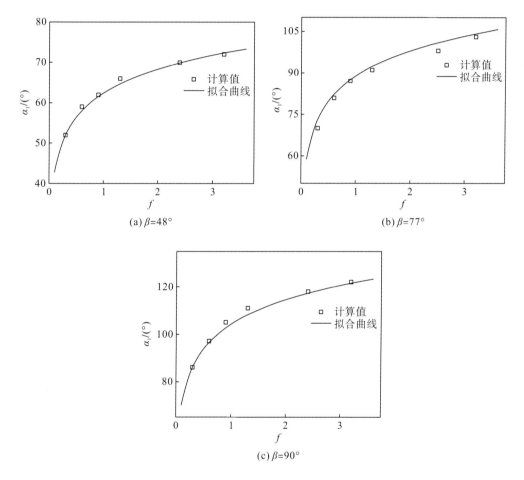

图 4.18　α_1 计算值与拟合曲线对比图

注：据式 (4.23) 计算。

式 (4.22) 和式 (4.23) 仅适合本书的试验范围，本书所取流量比范围虽相比原型已经较广，但因试验条件的限制，仍没能够取到最极值的情况。比如，当流量比无限趋近于 0 时，也就是基本只有表孔流量，这个时候表孔切线与垂向夹角范围为 0°～60°；当碰撞点就在表孔出口时，切线角度为 60°；随着碰撞点远离表孔出口，切线角度逐渐减小；当碰撞点距离表孔出口足够远时，切线角度接近于 0°。故当流量比 f 趋近于 0 时，各工况

下 α_1 的值应大于 0°小于 60°；当流量比 f 趋于无穷大时，即只有深孔出流。当碰撞角为 48°时，深孔挑角为 0°，深孔切线与垂向夹角就无限接近于 90°，各工况下 α_1 的值应当小于 90°；当碰撞角为 77°时，深孔角度为 30°，深孔切线与垂向夹角就无限接近于 120°，各工况下 α_1 的值应当小于 120°；当碰撞角为 90°时，深孔角度为 45°，深孔切线与垂向夹角就无限接近于 135°，各工况下 α_1 的值应当小于 135°。基于上述推断，本书所求得的 α_1 值的最小值为 16°，在 0°～60°范围内，基本接近 f 趋近于 0 时的极值情况。本书测得 α_1 的最大值在碰撞角为 48°、77°、90°时，分别为 72°、103°、122°，所求的 α_1 的最大值基本接近 f 趋于无穷大时求得的极值 90°、120°、135°。

4.4　小　　结

本章对射流碰撞后的轨迹线进行了研究，包括不同碰撞角、不同流量比下的水舌轨迹线的变化规律，以及使轨迹线发生变化的主要原因。对碰撞后两股水进行一定的假设后，采用抛射体方程、动量积分方程和连续性方程对碰撞后的水舌出射速度与出射角度进行了计算。结合试验数据和理论分析得到以下几点结论。

(1)射流空中碰撞发生后，空间上竖直平面，水舌的内缘轨迹线、外缘轨迹线以及雨强最大值轨迹线均呈抛物线状，且不同工况下抛物线形状变化较大。

(2)在前人的研究基础上，通过理论分析和一定的假设得到碰撞后水舌出射速度与出射角度，发现以该速度与角度射出的抛物线轨迹与最大值所在的抛物线轨迹一致，同时也验证了理论分析中假设的合理性。

(3)分析了流量比与碰撞角对碰撞后雨强最大值轨迹线，内、外缘轨迹线的影响。用理论与试验相结合的方法，分别求得碰撞后内缘轨迹线和外缘轨迹线与纵向及垂向的夹角，建立用流量比和碰撞角计算夹角的公式，计算值与拟合值吻合良好。

第5章　射流空中碰撞散裂水点细观特征

碰撞的散裂程度除了上述两章的研究外，对于细观上水点直径、水点个数频率以及水点速度的研究也是非常重要的。本章通过试验对水点直径、水点个数以及水点速度进行研究，从细观上分析了纵向水点个数和水点直径先增加后减小的原因，揭示了纵向上宏观雨强先增大后减小的成因。通过试验得到水点直径与水点速度之间的关系，结合本书试验给出水点直径与水点速度的关系式。最后研究了流量比与碰撞角对横向水点直径大小和速度的影响，得到了碰撞角对横向水点大小几乎没有影响，横向水点大小随流量比先增大后减小的规律。

5.1　射流空中碰撞散裂水点特性分析

试验中对水点个数、水点直径的测量采用第 2 章所述的激光雨滴谱仪。本书采用单位时间内水点个数 n 来衡量测点的水点数目：

$$n = \frac{N}{T} \tag{5.1}$$

式中，N 为采集时间 T 内采集的水点数目，个；T 为采集时间，设为 60s；n 为水点个数频率，个/s。

d 表示测得水点直径(mm)，一个测量点内水点直径概率为该测点内某一直径水点个数 n_d 与测得总个数 N 之比，用 P_d 表示：

$$P_d = \frac{n_d}{N} \tag{5.2}$$

式中，n_d 为 T 时间内采集的某一直径的水点个数；N 为 T 时间内采集的水点的总个数。

v 表示测得水点速度(m/s)，一个测量点内水点速度概率为该测点内某一速度水点个数 n_v 与总个数 N 之比，用 P_v 表示：

$$P_v = \frac{n_v}{N} \tag{5.3}$$

式中，n_v 为 T 时间内采集的某一速度的水点个数；N 为 T 时间内采集的水点的总个数。

因受仪器限制，激光雨滴谱仪的雨强量程为 0～1200mm/h，而水平测量面上从 $y = 0$cm 横断面到 $y = 50$cm 横断面，测得雨强值均大于该仪器的量程范围，故从 $y = 60$cm 横断面开始测量。

5.1.1 水点个数频率分布

1. 纵向水点个数频率分布

图 5.1 为单位时间内水点个数频率在不同纵断面的分布规律，测量点距碰撞点的垂直距离均为 96cm，即 $z = 96$cm。可以看出：①各工况水点个数频率沿纵向(x向)均先增大后减小，存在极值 n_{max}，且 n_{max} 在距离碰撞点一定的距离处，极值与最小值之差非常大，不同工况的 n_{max} 变化较大；②纵向坐标轴线越远，水点个数频率极值越小，且整体越小；③水点个数频率分布类似于高斯分布，且 n 受流量比与碰撞角的影响较大，以上这些规律与第 3 章研究的纵向雨强变化规律极其类似。

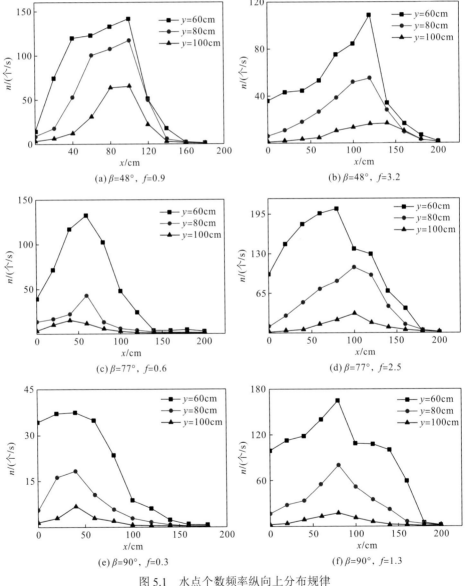

图 5.1　水点个数频率纵向上分布规律

　　水点个数频率沿纵向先增大后减小，且最大值与最小值相差较大。深入分析原因，本书认为主要是测量时存在缺失现象。通过动量定理分析，本书得出水点在碰撞后绝大多数是有一个沿纵向的分速度，而垂向速度以及横向速度是随机的。因为横向距离固定，所以影响水点个数的就是垂向和纵向速度。有一部分向上运动水点会因为受重力作用，而落入部分与向下水点相同或者相近的位置处，所以就造成某些位置落入水点数更多，而越往后这种"缺失"作用的影响会越弱，从而水点个数频率沿纵向会出现先增大后减小，且最大值与最小值差距较大。

2. 横向水点个数频率分布

　　图 5.2 为不同工况下沿雨强最大值 I_{max} 所在横断面水点个数频率 n 的变化规律，测量点距碰撞点的垂直距离为 96cm，即 $z = 96$cm。可以看出：①各工况下水点个数频率 n 沿横向均呈递减趋势，且减小幅度较大，如图 5.2(a)$f = 0.9$ 的工况中，$y = 60$cm 时，$n = 125$，$y = 110$cm 时，$n = 30$；②水点个数频率分布规律与雨强最大值 I_{max} 所在横断面分布规律类似。横向上也满足宏观雨强与微观水点个数频率规律相同。

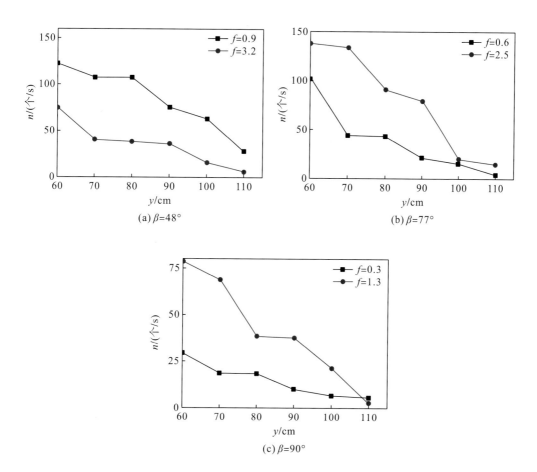

(a) $\beta = 48°$　　　　　(b) $\beta = 77°$

(c) $\beta = 90°$

图 5.2　水点个数频率沿 I_{max} 所在横断面分布规律

3. 垂向水点个数频率分布

图 5.3 为碰撞角 $\beta = 77°$、流量比 $f = 0.3$ 的工况下，雨强最大值 I_{max} 所在横断面水点个数频率沿垂向分布的变化规律。从图中可以看出，横断面上各个点随垂向距离增大而减小，当减小到一定值后不随垂向距离增大而发生较大的变化，如图 5.3 中，$y = 60cm$ 时，$z = 36cm$，$n = 26.2$；$z = 56cm$，$n = 8.9$；$z = 76cm$，$n = 9.1$；$z = 96cm$，$n = 11$。

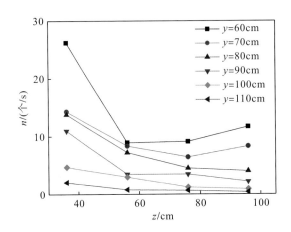

图 5.3　I_{max} 所在横断面水点个数频率沿垂向分布规律

5.1.2　水点直径分布规律

1. 单个测量点内水点直径概率分布

图 5.4 为单个测量点内水点直径概率分布，图 5.4(a)～图 5.4(d)分别为四种不同工况下，不同位置的测点。通过图中可得，各测点内水点直径概率分布均符合高斯分布，水点直径范围基本为 0～12mm。同一测量点中，水点直径为 3～9cm 出现的概率较大。

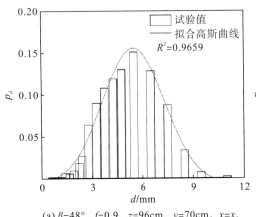

(a) $\beta=48°$，$f=0.9$，$z=96cm$，$y=70cm$，$x=x_{I_{max}}$

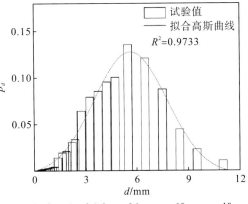

(b) $\beta=77°$，$f=1.3$，$z=96cm$，$y=60cm$，$x=40cm$

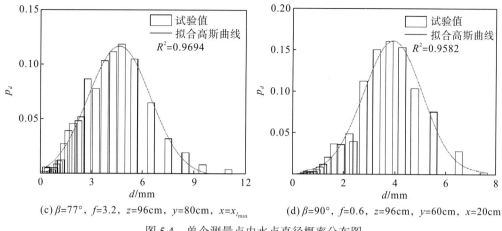

(c) $\beta=77°$, $f=3.2$, $z=96\text{cm}$, $y=80\text{cm}$, $x=x_{I_{\max}}$　　(d) $\beta=90°$, $f=0.6$, $z=96\text{cm}$, $y=60\text{cm}$, $x=20\text{cm}$

图 5.4　单个测量点内水点直径概率分布图

2. 射流碰撞后水点平均直径沿纵向分布规律

为了研究水点沿程分布规律，对各个测量点内的水点直径用平均直径 $\bar{d}$ 来表示。图 5.5 为水点平均直径沿纵向(x向)分布规律，测量点距碰撞点垂向距离均为 96cm，即 $z=96\text{cm}$。可以看出，沿纵向各工况下水点平均直径均先增大后减小，且有极值 $\bar{d}_{\max}$，$\bar{d}_{\max}$ 出现的位置在距离碰撞点一定距离处。造成水点平均直径先增大后减小的原因可能是小的水点更容易从碰撞后所形成的水舌边界脱落，从而水舌内外边界附近水点直径较小，Zhang 和 Zhu(2015) 曾经在他们的研究中发现了该规律。同时根据 5.1.1 节中对水点个数频率的分析发现水点在距离碰撞点一定距离处个数最多，而该处水点的轨迹存在交叉，从而就会有水点之间的融合发生，也会造成水点的直径在距碰撞点一定距离处达到最大值。

3. 射流碰撞后水点平均直径沿横向(y向)分布规律

图 5.6 为不同工况下，$I_{\max}$ 所在横断面水点平均直径 $\bar{d}$ 的变化规律，测量点距碰撞点垂向距离均为 96cm，即 $z=96\text{cm}$。可得，同一工况下水点直径沿横向变化不大，基本是微小波动。也就意味着雨强最大值 $I_{\max}$ 所在横断面水点平均直径 $\bar{d}$ 基本上可以认为是一样的。这一结果与之前 Zhang 和 Zhu(2015) 对空气中单股掺气射流雨强最大值所在横断面水点平均直径的研究结果是一致的。

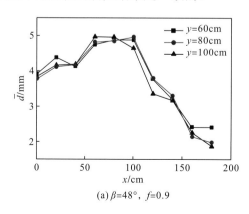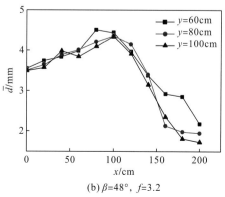

(a) $\beta=48°$, $f=0.9$　　(b) $\beta=48°$, $f=3.2$

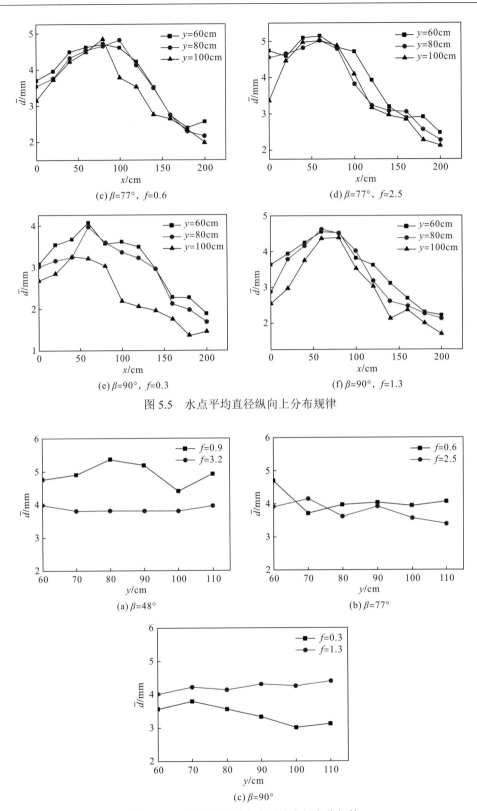

(c) $\beta=77°$，$f=0.6$ (d) $\beta=77°$，$f=2.5$

(e) $\beta=90°$，$f=0.3$ (f) $\beta=90°$，$f=1.3$

图 5.5　水点平均直径纵向上分布规律

(a) $\beta=48°$ (b) $\beta=77°$

(c) $\beta=90°$

图 5.6　I_{max} 所在横断面水点平均直径变化规律

4. 射流碰撞后水点平均直径沿垂向分布规律

图 5.7 为碰撞角 $\beta = 77°$，流量比 $f = 0.3$ 工况下，雨强最大值 I_{max} 所在横断面，水点平均直径 $\bar{d}$ 沿垂向变化规律。从图中可以看出，随着垂向距离增加横断面上各点整体变化范围同样不大，但是均呈现先增大而后基本保持稳定的趋势。这是因为在横断面上，随着垂向距离增大，很多较大的水点随着水舌的运动而脱落，使得水点整个平均直径增大。而后因为运动发展达到稳定，最终直径达到稳定。当然无论是横断面还是纵断面随着 z 值的增加，水点平均直径的变化范围均很小，从图中可以看出，最大的变化幅度为 1mm，大部分点的变化幅度为 0.5mm，甚至更小，所以本书认为水点平均直径不随垂向距离变化而变化。

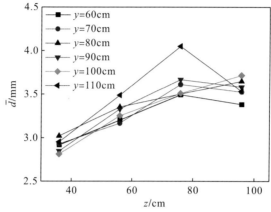

图 5.7　I_{max} 所在横断面水点平均直径沿垂向变化规律

5.1.3　水点速度分布规律

1. 单个测量点内水点速度概率分布

图 5.8 为单个测量点内水点速度的概率分布，图 5.8(a)～图 5.8(d) 分别为四种不同工况下不同测点的情况。通过图中可得，水点速度范围基本为 0～15m/s。同一测量点中，0～3m/s 出现的概率较大。

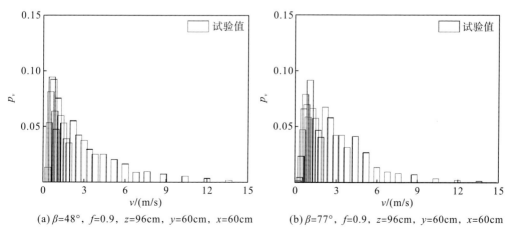

(a) $\beta = 48°$，$f = 0.9$，$z = 96cm$，$y = 60cm$，$x = 60cm$　　　(b) $\beta = 77°$，$f = 0.9$，$z = 96cm$，$y = 60cm$，$x = 60cm$

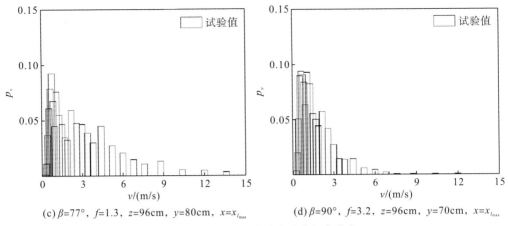

(c) β=77°, f=1.3, z=96cm, y=80cm, x=$x_{l_{max}}$　　　(d) β=90°, f=3.2, z=96cm, y=70cm, x=$x_{l_{max}}$

图5.8　单个测量点内水点速度概率分布

2. 水点平均速度沿纵向分布规律

为了研究水点沿程分布规律，对各个测量点内的水点速度用平均直径 $\bar{v}$ 来表示。图 5.9 为水点平均速度在不同断面沿纵向分布的规律，测量点与碰撞点垂直距离为 96cm，即 $z=96\text{cm}$。可以看出，各工况下水点平均速度均先增大后减小，且有极值 $\bar{v}_{max}$。$\bar{v}_{max}$ 出现的位置在距离碰撞点一定距离处，且位置与 $\bar{d}_{max}$ 位置点基本相同。同时可以看出 $\bar{v}$ 的变化规律与 $\bar{d}$ 的变化规律基本相同，速度较大的水点，测得的水点平均直径也相对较大，反之亦然。经试验反复验证后推测水点较小时受阻力以及浮力等影响较

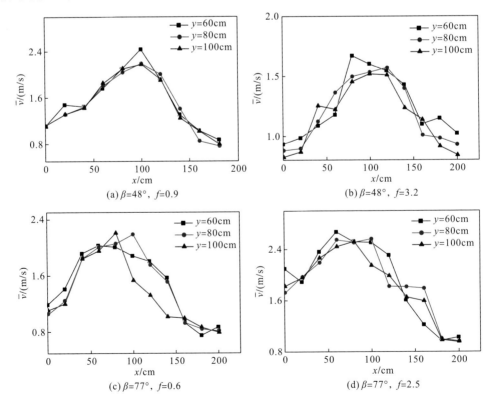

(a) β=48°, f=0.9　　　　　　　　　　(b) β=48°, f=3.2

(c) β=77°, f=0.6　　　　　　　　　　(d) β=77°, f=2.5

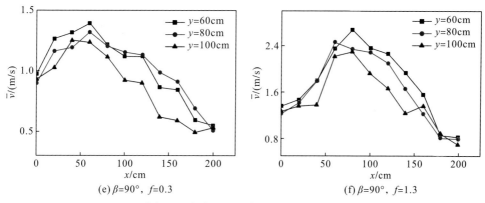

(e) $\beta=90°$, $f=0.3$　　　　(f) $\beta=90°$, $f=1.3$

图 5.9　水点平均速度纵向上分布规律

大，从而导致速度相对较小。因此，水点平均直径较大时，水点平均速度较大；水点平均直径较小时，水点平均速度较小，故水点速度与水点直径关系密切。

3. 水点平均速度沿横向分布规律

图 5.10 为不同工况下，雨强最大值 I_{max} 所在横断面水点平均速度 $\bar{v}$ 的变化规律，测量点距碰撞点垂直高度为 96cm，即 $z=96$cm。可以看出，同一工况下水点速度沿横向有微小波动，基本认为是稳定的，这与水点平均直径变化规律是一致的，这又一次证明，无论是横向还是纵向，水点速度与水点直径变化规律均相同。

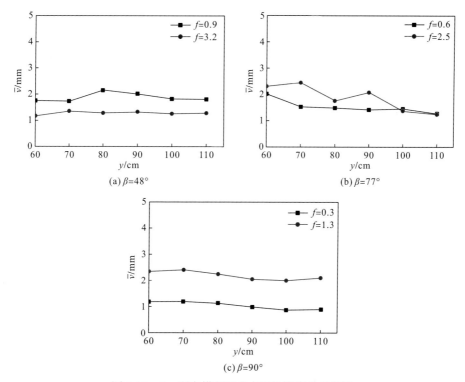

(a) $\beta=48°$　　　(b) $\beta=77°$

(c) $\beta=90°$

图 5.10　I_{max} 所在横断面水点平均速度分布规律

4. 水点平均速度沿垂向分布规律

图 5.11 为碰撞角 $\beta = 77°$，流量比 $f = 0.3$ 的工况下，雨强最大值 I_{max} 所在横断面，空间上各点水点平均速度 $\bar{v}$ 沿垂向的变化规律。从图中可以看出，沿垂向水点平均速度整体变化不大，但是仍符合与水点直径一样的变化规律，随着垂向距离增加，水点的平均速度先增大后略微减小。证明垂向水点平均速度与水点平均直径有相同的变化规律，从而说明空间各个方向水点平均速度与水点平均直径变化规律均相同。

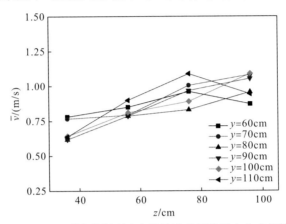

图 5.11 I_{max} 所在横断面水点平均速度 $\bar{v}$ 沿垂向分布规律

5.1.4 水点直径与水点速度的关系

通过前面几节的研究，发现水点的直径与水点的速度有很强的关联，它们具有相同的变化规律，水点平均直径越大，水点的平均速度也就越大。

Clift 等(1978)总结了针对任何液滴在空气中的最终速度与液滴直径的关系，他们提到了 Eötvös 数(厄缶数)，当 $E_0 = g\Delta\rho d^2/\sigma$，且 $E_0 \geqslant 0.5$ 时，空气中的球体直径与速度的关系式可以使用下式表示：

$$U_T = \frac{ag^{b-0.25}\Delta\rho^{b-0.25}}{\sigma^{b-0.75}\rho^{0.5}}d^{2b-1} \tag{5.4}$$

式中，U_T 是液滴在空气中的最终速度，m/s；d 是液滴直径，mm；$\Delta\rho$是密度差，kg/m³；σ是表面张力，N/m。当 $0.5 \leqslant E_0 < 1.84$，$a = 1.62$，$b = 0.755$；当 $1.84 \leqslant E_0 < 5.0$，$a = 1.83$，$b = 0.555$；当 $E_0 \geqslant 5.0$，$a = 2.0$，$b = 0.500$。

图 5.12 为试验中测得各个工况下水点的直径与速度的关系，图中所画各点为试验测得值，图中所画绿色曲线为 Clift 等(1978)的预测结果。可以看出，预测结果与射流碰撞后空气中水点速度与直径的关系趋势相同，在 d 为 0~2mm 时，速度随着 d 的增大，增加很快；在 d 为 2~8mm 时，速度随 d 的增加缓慢增加，最终在 d 为 8~20mm 时，速度达到稳定。即在水点直径较小时随直径增加，速度增加较快，当直径增大到一定程度后水点速度不再随直径增大而增大，而是趋于稳定。但是预测结果与试验值误差相对较大，尤其在水点直径较小时，造成这种误差的原因是 $\Delta\rho$ 为空气与水的密度差，因为射

流碰撞后水点中也会有一定程度的空气存在，这种密度差就不再只是水与空气的密度差，水点直径越小时里面的空气含量对其影响就越大。

基于试验中测得的空气中雨滴的最终速度与雨滴直径，结合射流碰撞中的现实条件，对试验数据进行分析和处理后，发现水点速度在各个工况下仅与水点直径有关，于是得到以下公式：

$$v = 9.5[1 - \exp(-0.4d)] \tag{5.5}$$

式中，v 和 d 的单位分别为 m/s 和 mm。

图 5.12 中的红色曲线为公式(5.5)计算所得，通过图 5.12 可知公式(5.5)所得结果与试验结果吻合良好，误差基本在 10%以内。说明在本试验条件下，水点直径与水点速度的关系用式(5.5)更准确，同时图 5.12 中列出了不同流量比、不同碰撞角下水点直径与水点速度的关系，可以看出，不同的工况下均满足此公式。

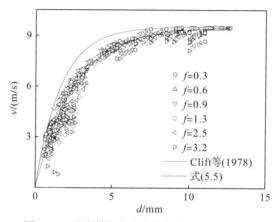

图 5.12　试验所得水点直径与水点速度的关系

5.2　流量比、碰撞角对横向水点特性的影响

通过本章前面的分析，发现流量比与碰撞角对碰撞后的水点横向特性有较大影响，本节将详细分析流量比与碰撞角对水点特性的影响。

5.2.1　流量比对射流碰撞横向水点特性的影响

1. 流量比对射流碰撞横向水点平均直径分布影响

图 5.13 为不同流量比下，雨强最大值 I_{max} 所在横断面上水点平均直径的变化规律。各工况中，测量面距碰撞点为 $z = 96\text{cm}$，横断面为雨强最大值所在的横断面。从图中可见，同一点位测得的水点平均直径受流量比影响较大。随流量比的增大水点平均直径先增大而后减小，且在流量比 $f = 1$ 附近平均直径达到最大值。水点横断面平均直径受流量比影响的变化规律与水点纵断面平均直径受流量比影响的变化规律一样。

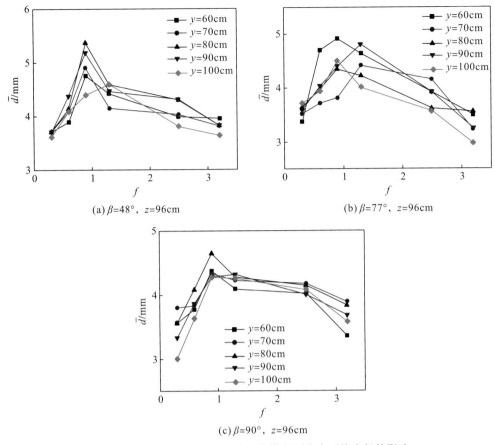

(a) $\beta=48°$，$z=96$cm

(b) $\beta=77°$，$z=96$cm

(c) $\beta=90°$，$z=96$cm

图 5.13　流量比对雨强最大值所在横断面水点平均直径的影响

2. 不同流量比射流碰撞横向水点平均速度分布影响

图 5.14 为不同流量比下，雨强最大值 I_{max} 所在横断面上水点平均速度的变化规律。各工况中，测量面距碰撞点为 $z = 96$cm，横断面为雨强最大值 I_{max} 所在断面。从图 5.14 可得，横断面上水点平均速度随流量比增大先增大后减小，在流量比为 1 附近达到最大值。这也与前面 5.1 节的研究吻合，平均速度变化规律与平均直径变化规律一致。

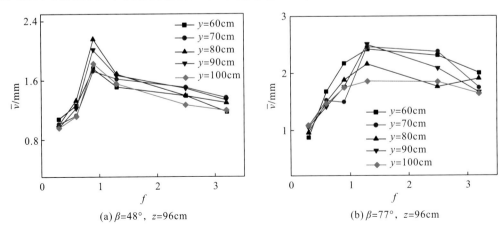

(a) $\beta=48°$，$z=96$cm

(b) $\beta=77°$，$z=96$cm

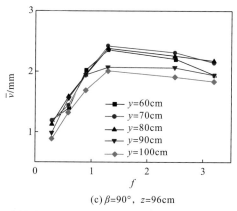

(c) $\beta=90°$, $z=96\mathrm{cm}$

图 5.14 流量比对雨强最大值所在横断面水点平均速度的影响

5.2.2 碰撞角对射流碰撞横向水点特性的影响

1. 碰撞角对射流碰撞横向水点平均直径的影响

图 5.15 为不同碰撞角下, 雨强最大值 I_{max} 所在横断面上水点平均直径的变化规律。各工况中, 测量面距碰撞点为 $z=96\mathrm{cm}$, 横断面为雨强最大值所在的横断面。从图中可见, y 方向上同一点位测得的水点平均直径基本不受碰撞角的影响。随着碰撞角的增大, 水点平均直径仅仅有微小波动, 本书认为横向水点平均直径与碰撞角无关。

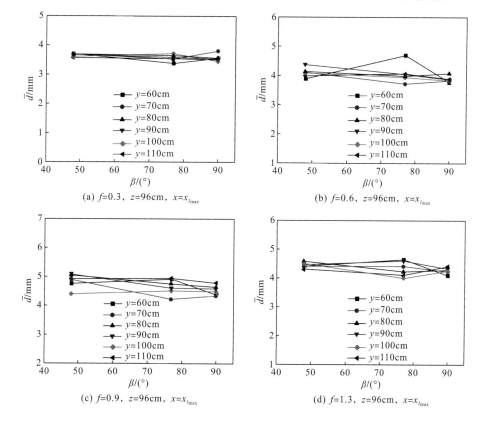

(a) $f=0.3$, $z=96\mathrm{cm}$, $x=x_{I_{max}}$

(b) $f=0.6$, $z=96\mathrm{cm}$, $x=x_{I_{max}}$

(c) $f=0.9$, $z=96\mathrm{cm}$, $x=x_{I_{max}}$

(d) $f=1.3$, $z=96\mathrm{cm}$, $x=x_{I_{max}}$

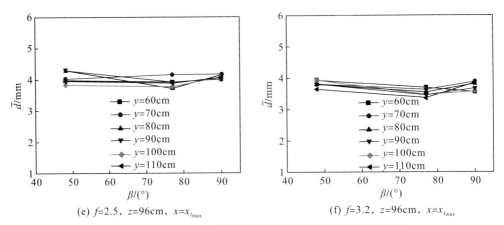

(e) f=2.5, z=96cm, $x=x_{I_{max}}$ (f) f=3.2, z=96cm, $x=x_{I_{max}}$

图 5.15　碰撞角对雨强最大值所在横断面水点平均直径的影响

2. 碰撞角对射流碰撞横向水点平均速度的影响

图 5.16 为不同碰撞角下，雨强最大值 I_{max} 所在横断面上水点平均速度变化规律。各工况中，测量面距碰撞点为 $z = 96$cm，横断面为雨强最大值 I_{max} 所在断面。从图中可见，横断面上平均速度随碰撞角增大有所波动，但是考虑到整体平均速度较小，所以相较于水点直径波动更为剧烈，但是整体仍然认为水点平均速度不随碰撞角改变而改变。

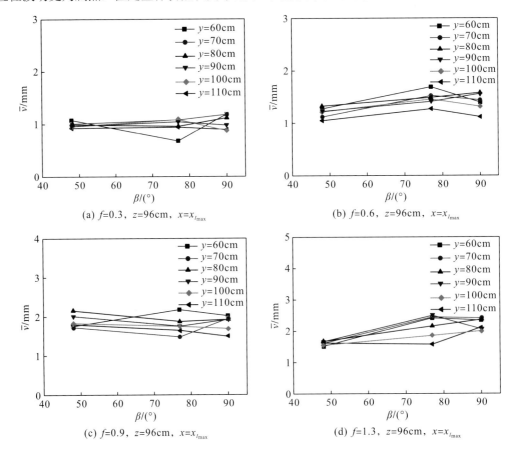

(a) f=0.3, z=96cm, $x=x_{I_{max}}$ (b) f=0.6, z=96cm, $x=x_{I_{max}}$

(c) f=0.9, z=96cm, $x=x_{I_{max}}$ (d) f=1.3, z=96cm, $x=x_{I_{max}}$

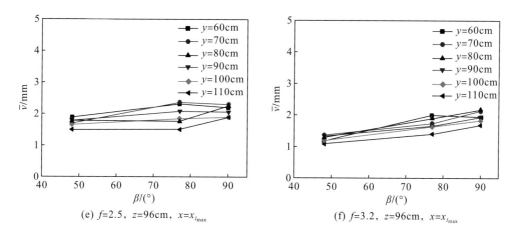

(e) f=2.5，z=96cm，x=$x_{I_{max}}$　　　　　　(f) f=3.2，z=96cm，x=$x_{I_{max}}$

图 5.16　碰撞角对雨强最大值所在横断面水点平均速度的影响

5.3　小　　结

本章通过试验研究了射流碰撞后的水点特性，对水点个数频率分布规律、水点直径分布规律和水点速度分布规律进行了深入分析，研究了纵向、横向、垂向水点特性分布规律，总结了不同流量比、碰撞角对横向水点特性的影响，从细观上揭示了宏观雨强的成因。基于大量试验结果分析，提出了雨点速度的计算方法，该方法相比国外公式，在本试验计算中更为精确。得到以下几点结论。

(1) 水点个数频率分布沿纵向先增大后减小，水点个数横向分布沿程减小，水点个数沿垂向先减小后稳定。经分析，水点个数频率分布沿纵向先增大后减小是因为射流碰撞后改变了水舌运动特性，会造成一部分水点"缺失"，从细观上揭示了宏观雨强纵向沿程先增大后减小的成因。

(2) 基于试验结果分析了水点直径分布规律，发现单个测点内的水点直径分布符合高斯分布。纵向水点平均直径沿程先增大后减小，横向水点平均直径沿程不变，垂向水点平均直径先减小后稳定。对水点平均速度分析发现，其规律与平均直径规律保持一致。结合本试验结果分析，提出一种水点直径与水点速度间的计算公式，经验证与试验值吻合良好，比国外结果更为精确。

(3) 研究了不同流量比与碰撞角对横向水点特性的影响，得到碰撞角对横向水点平均直径与速度没有影响，而水点平均直径会随流量比增大，先增大后减小。

参 考 文 献

曹建明, 2005. 喷雾学[M]. 北京: 机械工业出版社.

柴恭纯, 陈惠玲, 1992. 高坝泄洪雾化问题的研究[J]. 山东工业大学学报(3): 29-35.

陈端, 2008. 高坝泄洪雾化雨强模型律研究[D]. 武汉: 长江科学院.

陈惠玲, 1998. 小湾水电站泄洪雾化研究[J]. 云南水力发电, 14(4): 51-55.

陈捷, 周胜, 孙双科, 2001. 小湾水电站坝身泄洪消能布置优化研究[J]. 水力发电, 27(10): 38-41, 71.

陈维霞, 1996. 鲁布革电站泄水建筑物雾化原型观测[J]. 云南水力发电, 12(4): 31-35.

程子兵, 韩继斌, 黄国兵, 2006. 构皮滩水电站泄洪消能试验研究[J]. 人民长江, 37(3): 84-86.

刁明军, 杨永全, 1998. 不对等射流空中碰撞扩散消能研究[J]. 四川联合大学学报(工程科学版), 30(6): 96-101.

刁明军, 杨永全, 2002. 表中孔水舌空中碰撞消能试验研究[J]. 四川大学学报(工程科学版), 34(2): 13-15.

段红东, 刘士和, 罗秋实, 等, 2005. 雾化水流溅水区降雨强度分布探讨[J]. 武汉大学学报(工学版), 38(5): 11-14.

郭亚昆, 吴持恭, 1992. 二滩水电站表中孔联合泄流空中碰撞消能优化研究[J]. 成都科技大学学报, 24(6): 17-24.

胡清义, 廖仁强, 郭艳阳, 等, 2014a. 乌东德水电站泄洪消能设计研究[J]. 人民长江, 45(20): 21-23.

胡清义, 翁永红, 曹去修, 等, 2014b. 乌东德水电站枢纽布置设计与研究[J]. 人民长江, 45(20): 16-20.

胡中平, 向光红, 班红艳, 2005. 构皮滩水电站泄洪消能设计[J]. 贵州水力发电, 19(2): 30-33.

黄财元, 2006. 高拱坝泄洪雾化数学模型及人工神经网络模型研究[D]. 天津: 天津大学.

姜信和, 1989. 挑射水舌掺气扩散的理论分析初探[J]. 水力发电学报(3): 70-76.

李乃稳, 2008. 高拱坝收缩式表深孔无碰撞泄洪消能方式研究[D]. 成都: 四川大学.

李乃稳, 许唯临, 周茂林, 等, 2008. 高拱坝坝身表孔和深孔水流无碰撞泄洪消能试验研究[J]. 水利学报, 39(8): 927-933.

李渭新, 王韦, 许唯临, 等, 1999. 挑流消能雾化范围的预估[J]. 四川联合大学学报(工程科学版), 31(6): 17-23.

练继建, 杨敏, 2008. 高坝泄流工程[M]. 北京: 中国水利水电出版社.

梁在潮, 1992. 雾化水流计算模式[J]. 水动力学研究与进展(A辑), 7(3): 247-255.

梁在潮, 刘士和, 胡敏良, 等, 2000. 小湾水电站泄流雾化水流深化研究[J]. 云南水力发电, 16(2): 28-32.

刘进军, 韩爽, 孔德勇, 等, 2002. 白山电站泄洪雾化原型观测与模型试验研究[J]. 东北水利水电, 20(2): 41-45.

刘沛清, 冬俊瑞, 李玉柱. 1995. 两股射流在空中碰撞消能的水力计算[J]. 水利学报, 26(7): 38-44.

刘士和, 2005. 高速水流[M]. 北京: 科学出版社.

刘士和, 梁在潮, 1995. 平面掺气散裂射流特性[J]. 水动力学研究与进展(6): 274-279.

刘士和, 陆晶, 周龙才, 2002. 窄缝消能与碰撞消能雾化水流研究[J]. 水动力学研究与进展(A辑), 17(2): 189-196.

刘宣烈, 1989. 泄洪雾化入水喷溅物理及数学模拟研究[D]. 天津: 天津大学.

刘宣烈, 刘钧, 1989. 三元空中水舌掺气扩散的试验研究[J]. 水利学报(11): 10-17.

刘宣烈, 张文周, 1988. 空中水舌运动特性研究[J]. 水力发电学报, 21(2): 46-53.

刘之平, 柳海涛, 孙双科, 2014. 大型水电站泄洪雾化计算分析[J]. 水力发电学报, 33(2): 111-115.

柳海涛, 孙双科, 王晓松, 等, 2009. 溅水问题的试验研究与随机模拟[J]. 水动力学研究与进展(A辑), 24(2): 217-223.

毛栋平, 2015. 高速圆柱射流的散裂特性[D]. 成都: 四川大学.

宁利中, 2004. 挑流水舌挑距及其影响因素概述[J]. 水资源与水工程学报, 15(3): 35-39.

潘家铮, 何璟, 2000. 中国大坝 50 年[M]. 北京: 中国水利水电出版社.

邵维文, 1999. 中国水利水电工程技术进展[M]. 北京: 海洋出版社.

孙建, 李玉柱, 2004. 水舌空中左右碰撞的水力特性及其作用下的河床基岩冲刷平衡深度估算[J]. 应用力学学报, 21(3): 134-137, 168.

孙建, 李玉柱, 余常昭, 2002. 高拱坝表孔及中孔挑流水舌上下碰撞作用下基岩冲刷[J]. 清华大学学报(自然科学版), 42(4): 564-568.

孙双科, 刘之平, 2003. 泄洪雾化降雨的纵向边界估算[J]. 水利学报, 34(12): 53-58.

孙笑非, 刘士和, 2008. 雾化水流溅抛水滴运动深化研究[J]. 水动力学研究与进展(A 辑), 23(1): 61-66.

田士豪, 陈新元, 2004. 水利水电工程概论[M]. 北京: 中国电力出版社.

王思莹, 陈端, 侯冬梅, 2013. 泄洪雾化源区降雨强度分布特性试验研究[J]. 长江科学院院报, 30(8): 70-74.

王一博, 2015. 白鹤滩水电站泄洪消能问题的研究[J]. 陕西水利, (5): 94-95.

吴持恭, 2007. 水力学(上)[M]. 高等教育出版社.

吴持恭, 2007. 水力学(下)[M]. 高等教育出版社.

吴持恭, 杨永森, 1994. 空中自由射流断面含水浓度分布规律研究[J]. 水利学报, 25(7): 1-11.

吴福生, 程和森, 1998. 漫湾水电站泄流雾化原型观测研究[J]. 云南水力发电, 14(3): 9-14, 23.

肖白云, 1999. 溪洛渡水电站的泄洪消能设计[J]. 水电站设计, 15(1): 15-20.

肖白云, 2001. 溪洛渡水电站高拱坝大流量泄洪消能技术研究[J]. 水力发电, 27(8): 69-71.

谢景惠, 1994. 高坝枢纽消能防冲方式选择综述[C]//中国水力发电工程学会泄水工程与高速水流信息网会议.

熊贤禄, 葛光, 1991. 二滩水电站表, 中孔水舌碰撞消能[J]. 水电工程研究(1): 1-10.

杨朝晖, 吴守荣, 刘善均, 等, 2007. 宝珠寺水电站泄洪雾化原型观测[J]. 水利水电技术, 38(1): 69-73.

袁月明, 1993. 小湾水电站泄洪消能问题初探[J]. 云南水电技术(4): 78-85.

曾祥, 肖兴斌, 1997. 高坝泄洪水流雾化问题研究介绍[J]. 人民珠江, 18(2): 22-25.

张华, 2003. 水电站泄洪雾化理论及数学模型的研究[D]. 天津: 天津大学.

张华, 练继建, 李会平, 2003. 挑流水舌的水滴随机喷溅数学模型[J]. 水利学报, 34(8): 21-25.

钟晓凤, 2015. 射流入水激溅试验特性研究[D]. 成都: 四川大学.

周辉, 吴时强, 陈惠玲, 2009. 泄洪雾化降雨模型相似性探讨[J]. 水科学进展, 20(1): 58-62.

周建平, 杨泽艳, 陈观福, 2006. 我国高坝建设的现状和面临的挑战[J]. 水利学报, 37(12): 1433-1438.

周钟, 沈文莉, 黄庆, 1999. 溪洛渡水电站坝身泄洪消能布置[J]. 水电站设计, 15(2): 5-13.

朱济祥, 薛乾印, 薛玺成, 1997. 龙羊峡水电站泄流雾化雨导致岩质边坡的蠕变变位分析[J]. 水力发电学报, 16(3): 31-42.

Bush J W M, Aristoff J M, 2003. The influence of surface tension on the circular hydraulic jump[J]. Journal of Fluid Mechanics, 489: 229-238.

Castleman R A J, 1932. Mechanism of atomization accompanying solid injection[R]. NACA RePot: 735-747.

Chanson H, 2009. Turbulent air-water flows in hydraulic structures: Dynamic similarity and scale effects[J]. Environmental Fluid Mechanics, 9(2): 125-142.

Chen T F, Davis J R, 1964. Disintegration of a turbulent water jet[J]. Journal of the Hydraulics Division, 90(1): 175-206.

Choo Y J, Kang B S, 2001. Parametric study on impinging-jet liquid sheet thickness distribution using an interferometric method[J]. Experiments in Fluids, 31(1): 56-62.

Choo Y J, Kang B S, 2002. The velocity distribution of the liquid sheet formed by two low-speed impinging jets[J]. Physics of Fluids, 14(2): 622-627.

Choo Y J, Kang B S, 2007. The effect of jet velocity profile on the characteristics of thickness and velocity of the liquid sheet formed by two impinging jets[J]. Physics of Fluids, 19(11): 12101-1-12101-7.

Clift R, Grace J R, Weber M E, 1978. Bubbles, Drops and Particles[M]. New York: Academic Press.

Cramer C, Berüter B, Fischer P, et al., 2002. Liquid jet stability in a laminar flow field[J]. Chemical Engineering & Technology, 25(5): 499-506.

Dahms R N, Oefelein J C, 2015. Liquid jet breakup regimes at supercritical pressures[J]. Combustion and Flame, 162(10): 3648-3657.

Dombrowski N, Hooper P C, 1964. A study of the sprays formed by impinging jets in laminar and turbulent flow[J]. Journal of Fluid Mechanics, 18(3): 392-400.

Dombrowski N, Johns W R, 1963. The aerodynamic instability and disintegration of viscous liquid sheets[J]. Chemical Engineering Science, 18(3): 203-214.

Edgerton H E, Killian J R, 1939. Flash[A]. Boston: Branford.

Franz G J, 1959. Splashes as sources of sound in liquids[J]. The Journal of the Acoustical Society of America, 31(8): 1080-1096.

Guha A, Barron R M, Balachandar R, 2010. Numerical simulation of high-speed turbulent water jets in air[J]. Journal of Hydraulic Research, 48(1): 119-124.

Harlow F, Shannon J P, 1967. The splash of a liquid drop[J]. Journal of Applied Physics, 38: 3855-3866.

Hasan N O, Prosperetti A, 1990. Bubble entrainment by the impact of drops on liquid surfaces[J]. Journal of Fluid Mechanics, 219: 143-179.

Heidmann M F, 1957. A study of injection processes for 15-percent fluorine - 85-percent oxygen and heptane in a 200-pound-thrust rocket engine[R]. Technical Report Archive & Image Library.

Heidmann M, Priem R, Humphrey J C, 1957. A study of sprays formed by two impinging jets[R].

Hewitt P, Schetz J A, 1983. Atomization of impinging liquid jets in a supersonic crossflow[J]. AIAA Journal, 21(2): 178-179.

Hobbs P V, Kezweeny A J, 1967. Splashing of a water drop[J]. Science, 155(3766): 1112-1114.

Huang J C P, 1970. The break-up of axisymmetric liquid sheets[J]. Journal of Fluid Mechanics, 43(2): 305-319.

Lee C H, 2008. An experimental study on the distribution of the drop size and velocity in asymmetric impinging jet sprays[J]. Journal of Mechanical Science and Technology, 22(3): 608-617.

Lian J J, Li C Y, Liu F, et al., 2014. A prediction method of flood discharge atomization for high dams[J]. Journal of Hydraulic Research, 52(2): 274-282.

Liu S H, 1999. Study of the atomized flow in hydraulic engineering[J]. Journal of Hydrodynamics, (2): 77-83.

Macklin W C, Metaxas G J, 1976. Splashing of drops on liquid layers[J]. Journal of Applied Physics, 47(9): 3963-3970.

Matas J P, Cartellier A, 2013. Flapping instability of a liquid jet[J]. Comptes Rendus Mécanique, 341(1/2): 35-43.

Miller K D Jr, 1960. Distribution of spray from impinging liquid jets[J]. Journal of Applied Physics, 31(6): 1132-1133.

Morozumi Y, Jun F K, 2004. Growth and structures of surface disturbances of a round liquid jet in a coaxial airflow[J]. Fluid Dynamics Research, 34(4): 217-231.

Oguz H N, Prosperetti A, 1990. Bubble entrainment by the impact of drops on liquid surfaces[J]. Journal of Fluid Mechanics, 219: 143.

Orme M, 1997. Experiments on droplet collisions, bounce, coalescence and disruption[J]. Progress in Energy and Combustion Science, 23 (1) : 65-79.

Pfister M, Hager W H, Boes R M, 2014. Trajectories and air flow features of ski jump-generated jets[J]. Journal of Hydraulic Research, 52 (3) : 336-346.

Pumphrey H C, Walton A J, 1988. Experimental study of the sound emitted by water drops impacting on a water surface[J]. European Journal of Physics, 9 (3) : 225-231.

Rajaratnam N, Albers C, 1998. Water distribution in very high velocity water jets in air[J]. Journal of Hydraulic Engineering, 124 (6) : 647-650.

Rayleigh L, 1879. On the capillary phenomenon of jets[J]. Proceedings of the Royal Society of London, 29: 71-97.

Reitz R D, Bracco F V, 1982. Mechanism of atomization of a liquid jet[J]. The physics of Fluids, 25 (10) : 1730-1742.

Ryan H M, Anderson W E, Pal S, et al., 1995. Atomization characteristics of impinging liquid jets[J]. Journal of Propulsion and Power, 11 (1) : 135-145.

Sanjay V, Das A K, 2017. Formation of liquid chain by collision of two laminar jets[J]. Physics of Fluids, 29 (11) : 112101.

Sevilla A, Gordillo J M, Martínez-Bazán C, 2005. Transition from bubbling to jetting in a coaxial air–water jet[J]. Physics of Fluids, 17 (1) : 018105.

Shavit U, Chigier N, 1995. Fractal dimensions of liquid jet interface under breakup[J]. Atomization and Sprays, 5 (6) : 525-543.

Sterling A M, Sleicher C A, 1975. The instability of capillary jets[J]. Journal of Fluid Mechanics, 68 (3) : 477-495.

Taylor G, 1960. Formation of thin flat sheets of water[J]. Proceedings of the Royal Society of London Series A, 259 (1296) : 1-17.

Thoroddsen S T, Shen A Q, 2001. Granular jets[J]. Physics of Fluids, 13 (1) : 4-6.

Tsu-Fang Chen, John R, 1964. Davis Disintegeration of a Turbulent Water Jet[J]. Journal of the Hydraulics Division, 90 (1) : 175-206.

Weber C, 1931. Zum zerfall eines flüssigkeitsstrahles[J]. ZAMM-Journal of Applied Mathematics and Mechanics/Zeitschrift für Angewandte Mathematik und Mechanik, 11 (2) : 136-154.

Worthington A M, 2010. A study of splashes[M]. London: Longmans Green and Co.

Yarin A L, 2006. Drop impact dynamics: Splashing, spreading, receding, bouncing[J]. Annual Review of Fluid Mechanics, 38: 159-192.

Zandian A, Sirignano W A, Hussain F, 2018. Understanding liquid-jet atomization cascades via vortex dynamics[J]. Journal of Fluid Mechanics, 843: 293-354.

Zhang W M, Zhu D Z, 2013. Bubble characteristics of air–water bubbly jets in crossflow[J]. International Journal of Multiphase Flow, 55: 156-171.

Zhang W M, Zhu D Z, 2015. Far-field properties of aerated water jets in air[J]. International Journal of Multiphase Flow, 76: 158-167.